高等职业教育在线开放课程
新形态一体化规划教材

区块链技术应用专业
校企"双元"合作系列教材

区块链应用
开发与测试

主编 聂 哲 林伟鹏 张夏衍

中国教育出版传媒集团
高等教育出版社·北京

内容提要

本书为高等职业教育区块链技术应用专业校企"双元"合作系列教材之一，由深圳职业技术大学联合职业技能等级证书培训评价组织腾讯云计算（北京）有限责任公司、微众银行校企"双元"编写。本书内容包含区块链系统需求分析及实施方案比较、区块链系统配置与管理和区块链系统开发与测试3个项目。项目1主要讲解分布式商业模式和区块链技术的基本理论知识和咨询服务技能，让学习者具备区块链应用软件开发与运维工程师的素养、技能及知识，可以胜任区块链解决方案咨询服务相关工作岗位。项目2讲解区块链系统的管理、维护以及管理工具使用，让学习者具备管理和维护区块链系统的能力。项目3模拟开发毕业证系统，让学习者能够胜任智能合约开发工程师、区块链应用程序开发工程师和软件测试工程师等工作岗位。

本书配有微课视频、教学设计、授课用PPT、案例素材、习题答案等数字化教学资源。与本书配套的数字课程在"智慧职教"平台（www.icve.com.cn）上线，学习者可登录平台在线学习，授课教师可调用本课程构建符合自身教学特色的SPOC课程，详见"智慧职教"服务指南。教师如需获取本书配套资源，请登录"高等教育出版社产品信息检索系统"（http://xuanshu.hep.com.cn）免费下载。

本书为高等职业院校区块链技术应用专业区块链开发与测试类课程教材，同时为区块链应用软件开发与运维1+X职业技能等级证书认证培训教材，也可作为区块链咨询服务人员、区块链运维工程师和区块链开发工程师等区块链相关产业从业人员的自学参考书。

图书在版编目（CIP）数据

区块链应用开发与测试/聂哲，林伟鹏，张夏衍主编．--北京：高等教育出版社，2024.6

ISBN 978-7-04-061909-6

Ⅰ．①区… Ⅱ．①聂… ②林… ③张… Ⅲ．①区块链技术-程序设计-高等职业教育-教材 Ⅳ．①TP311.135.9

中国国家版本馆 CIP 数据核字（2024）第 053560 号

Qukuailian Yingyong Kaifa yu Ceshi

| 策划编辑 | 白 颢 | 责任编辑 | 傅 波 白 颢 | 封面设计 | 张雨微 | 版式设计 | 杨 树 |
| 责任绘图 | 裴一丹 | 责任校对 | 吕红颖 | 责任印制 | 朱 琦 | | |

出版发行	高等教育出版社	网 址	http://www.hep.edu.cn
社 址	北京市西城区德外大街4号		http://www.hep.com.cn
邮政编码	100120	网上订购	http://www.hepmall.com.cn
印 刷	唐山市润丰印务有限公司		http://www.hepmall.com
开 本	787mm×1092mm 1/16		http://www.hepmall.cn
印 张	9.75		
字 数	230千字	版 次	2024年6月第1版
购书热线	010-58581118	印 次	2024年6月第1次印刷
咨询电话	400-810-0598	定 价	33.00元

"智慧职教" 服务指南

"智慧职教"（www.icve.com.cn）是由高等教育出版社建设和运营的职业教育数字教学资源共建共享平台和在线课程教学服务平台，与教材配套课程相关的部分包括资源库平台、职教云平台和 App 等。用户通过平台注册，登录即可使用该平台。

● 资源库平台：为学习者提供本教材配套课程及资源的浏览服务。

登录"智慧职教"平台，在首页搜索框中搜索"区块链应用开发与测试"，找到对应作者主持的课程，加入课程参加学习，即可浏览课程资源。

● 职教云平台：帮助任课教师对本教材配套课程进行引用、修改，再发布为个性化课程（SPOC）。

1. 登录职教云平台，在首页单击"新增课程"按钮，根据提示设置要构建的个性化课程的基本信息。

2. 进入课程编辑页面设置教学班级后，在"教学管理"的"教学设计"中"导入"教材配套课程，可根据教学需要进行修改，再发布为个性化课程。

● App：帮助任课教师和学生基于新构建的个性化课程开展线上线下混合式、智能化教与学。

1. 在应用市场搜索"智慧职教 icve"App，下载安装。

2. 登录 App，任课教师指导学生加入个性化课程，并利用 App 提供的各类功能，开展课前、课中、课后的教学互动，构建智慧课堂。

"智慧职教"使用帮助及常见问题解答请访问 help.icve.com.cn。

前　言

本书为区块链技术应用专业校企"双元"合作系列教材之一，基于高等职业教育区块链技术应用专业区块链应用开发与测试类课程的教学需求，以课程教学标准、职业技能等级证书及职业岗位技能需求为基础构建教学内容，同时将证书培训案例和头部企业真实开发项目融入专业课程教学体系。

本书具有以下特色。

一、为推进党的二十大精神进教材、进课堂、进头脑，本书结合自主可控且广泛应用的 FISCO BCOS 框架，选择该框架助力高校毕业生查证的典型应用，提升学习者对区块链技术应用的认知；在设计任务时注重信息素养、岗位责任和区块链法律法规的融入，引导学生树立正确的世界观、人生观和价值观，进一步提升学生的职业素养，落实德才兼备的高素质技术技能人才的培养要求。此外，编者基于书中的内容建设了线上学习微课视频资源，体现现代信息技术与教育教学的深度融合，提升课堂教学效果。

微课 1：
本书简介

二、本书遵循学生认知规律，采用"项目导向、任务驱动"的模式，由深圳职业技术大学联合职业技能等级证书培训评价组织腾讯云计算（北京）有限责任公司、微众银行校企"双元"编写。本书以企业真实项目为载体，在 FISCO BCOS 官方文档的基础上，基于 FISCO BCOS 区块链平台开发，根据区块链应用软件开发与维护的关键知识技能点进行了拆分，与真实项目开发流程保持一致，包含了设计、开发、测试、上线运维等关键步骤，由 3 个项目、8 个任务构成。

本书由聂哲、林伟鹏、张夏衍主编。聂哲负责本书的内容设计与编排，林伟鹏负责本书的编辑、修改、统稿与完善，张夏衍负责本书的全面审订。其中，项目 1 由聂哲编写，项目 2 由张夏衍编写，项目 3 由林伟鹏编写，各位作者均承担了教材资源的建设工作。

腾讯云计算（北京）有限责任公司、微众银行等公司的一线技术人员对于教材的编写提供了真实的项目解决方案和主要案例代码，对教材编排、内容和项目划分提出了宝贵意见，对本书编写给予了大力支持。本书的编写得到了高等教育出版社高职事业部编辑的悉心指导。在此一并表示衷心的感谢。

　　由于编者水平有限，书中难免存在疏忽和不足之处，恳请读者批评指正。

编者

2024 年 5 月

目　录

项目1 区块链系统需求分析及实施方案比较

学习目标

知识目标

- 理解分布式商业的概念。
- 了解区块链在分布式商业中的应用。
- 了解公有链和联盟链的区别。
- 了解区块链解决方案。

能力目标

- 能解释区块链在分布式商业中的作用。
- 能根据需求推荐区块链解决方案。

素养目标

- 具有团队协作精神。
- 具有跟踪新技术、创新设计能力。

项目描述

微课 2：
区块链技术
咨询

截至 2023 年 6 月，全国普通高等学校共计 3072 所。2021 年、2022 年和 2023 年高校毕业生数量分别为 909 万人、1076 万人和 1158 万人。毕业证存量约 1 亿个，数量庞大。由于众多学校对毕业证进行独立维护，增加了企事业单位、社会机构对学生毕业证真实性验证的难度。在毕业证查证系统中主要包括学生与学校这两类角色，核心功能如下。

① 每所学校需要为学生建立一个不可篡改的 ID（学生证）及毕业证。

② ID（学生证）及毕业证应该由学生和学校共同维护。

该项目要求设计一个能够满足全国高校更有效管理学生毕业证、减少证书造假、满足社会查证需求的方案。经分析，可以将该系统简化为由教育主管部门、学校 A、学校 B、学校 C 这 4 个机构共同运行维护。教育主管部门和学校各自具有以下职责。

● **教育主管部门**：作为监管机构负责制定系统管理制度，如学校授权，并向公众提供查证服务。

● **学校**：学校 A、学校 B、学校 C 分别负责管理自己学校的毕业证书。

教育主管部门、学校 A、学校 B、学校 C 需要共同维护一套学校后台，管理员分别管理自己负责的系统。根据项目需求，在后期可以增加更多学校。具体学校接入对应后台系统，由教育主管部门分配。之后加入的学校没有管理系统的权限。项目的核心业务功能为学校向学生颁发学生证及毕业证，并要求该系统由学校与学生共同维护学生证及毕业证。

区块链系统上链数据不可篡改及共识机制的特性，可有效满足该系统的核心业务功能需求。因此，项目 1 围绕区块链系统需求分析及实施方案比较分解为以下两个任务。

任务 1-1　区块链系统咨询：该任务需要根据应用系统需求，分析中心化系统与区块链（去中心化）系统之间的区别，能够为该项目推荐合适的项目实施方案。

任务 1-2　区块链方案咨询：该任务分析公有链与联盟链之间的区别，能够解答联盟链的准入机制，并为该项目推荐基于区块链平台的解决方案。

任务 1-1　区块链系统咨询

任务描述

　　本任务通过对毕业证查证系统的项目背景及需求进行分析，在充分考虑学生与学校对毕业证、学生证不可篡改及多方共同维护需求的基础上，选择项目实施方案。通过该任务掌握分布式商业的特点、区块链技术在分布式商业中的应用，以及区块链系统的特性与功能。

问题引导

　　1. 如何满足毕业证查证系统多方共同维护的需求？
　　2. 如何满足学生证、毕业证不可篡改的需求？
　　3. 中心化系统与区块链（去中心化）系统有什么区别？
　　4. 毕业证查证系统为什么需要使用区块链技术？
　　5. 是否有适合开发毕业证查证系统的区块链产品和平台？

知识准备

　　1. 中心化系统

　　中心化系统一般指由统一的**中心化机构**负责应用系统的运营、管理、维护等事务。同时，中心化机构控制着由许多个人或机构组成的节点所产生的数据，并对这些数据进行存储、分析及处理，具体如图 1-1-1 所示。

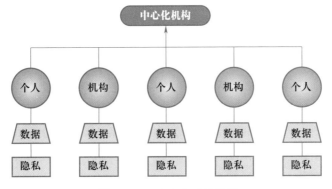

图 1-1-1　中心化系统示例

最常见的中心化系统架构便是客户-服务器（Client/Server，C/S）架构，如图 1-1-2 所示。基于 C/S 架构下的中心化系统应用开发是十分普遍的开发模式。日常生活中访问的网站大部分属于 C/S 架构下的中心化系统。客户可以使用各种终端（如台式机、计算机、手机、平板电脑等）连接由中心化机构控制的服务器，从而获取应用服务。

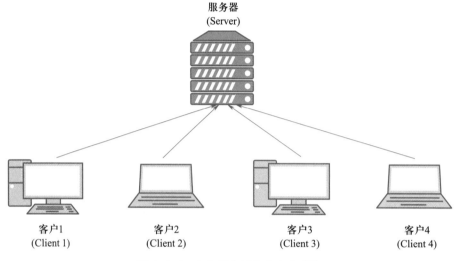

图 1-1-2　C/S 架构下的中心化系统

由于中心化系统存在一个强有力的中心化机构，能够对应用系统保持绝对控制权。因此，中心化系统在对系统的控制方面具有优势。一般而言，对仅由单一机构提供应用服务的系统（如门户网站、视频网站、网络游戏等）可考虑使用中心化系统。但是中心化系统也存在以下问题。

① **不可靠性**：中心化系统服务器遭受攻击，会导致服务中断或彻底崩溃。

② **不安全性**：由中心化机构保存和管理的个人用户数据及隐私存在安全风险。

③ **不可信性**：个人或机构用户无法监督中心化机构的行为，因而无法完全信任中心化机构。

基于中心化系统存在的问题，对于数据的安全性、可靠性及可信性要求较高的应用系统（如存证系统、金融系统、身份认证系统等）并不适用于中心化系统。

2. 分布式商业

分布式商业是一种由多个具有对等地位的商业利益共同体所建立的新型生产关系，是通过预设的透明规则进行组织管理、职能分工、价值交换、共同提供商品与服务，并分享收益的新型经济活动行为。分布式商业不同于中心化系统，该商业模式并不需要一个权威的中心化机构，而是强调多方参与、自下而上、智能协同、规则透明等特性。

① **多方参与**：随着社会分工精细化，产业生态中的企业各自存储与管理数据，使得产业数据资源趋于分散化，但业务应用系统开发和使用过程中往往要求对多渠道的数据进行

整合利用。因此，支持多方参与的分布式商业更有助于推动产业生态的开放与数据资源的共享。

②　**自下而上**：一般而言，商业的组织管理具有自上而下和自下而上两种模式。传统的中心化系统可以理解为自上而下的模式，决策权、管理权、资源分配都集中在中心化机构。不同于中心化系统，分布式商业以自下而上的模式构建协作机制，有利于提高系统参与主体的主观能动性。

③　**智能协同**：相较于传统的中心化系统，分布式商业自下而上的模式具有更多的商业主体，同时也极大地增加了系统的复杂度。因此，分布式商业具有智能协同的特性，通过工具实现事务的自动处理，提高效率。

④　**规则透明**：在分布式商业中，商业应用由多方共同参与和主导。因此，分布式商业需要通过预先设置共识机制、采用开源技术等方式，保障商业应用中各参与方的权利、义务、商业规则等信息开放透明，从而使各参与方间建立有效信任，促进合作。

得益于上述特性，分布式商业的概念自提出后被快速应用，在金融、法律、农业等领域都取得了标志性应用成果。因此，分布式商业被认为是一种新的商业模式。

3. 区块链系统

分布式商业中多方参与、智能协同、规则透明等特性的实现，离不开区块链的高速发展。在区块链系统中，没有中心化机构，所有加入区块链的个人和机构之间会达成共识，并共同维护数据，具体如图 1-1-3 所示。

区块链技术能成为分布式商业的核心底层基础架构，主要源于以下特性。

①　**去中心自组织**：区块链系统允许个人和机构多方参与。所有参与方都是以自发组织、社区或生态的方式对系统共同进行维护。由于所有参与方都具有相同的话语权，这种去中心自组织、自主运转的特性与分布式商业的理念不谋而合。

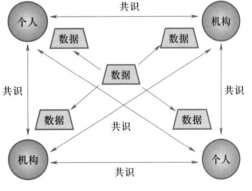

图 1-1-3　区块链系统

②　**不可篡改**：区块链的特性之一便是不可篡改性，这来自"区块+链"的数据块生成机制和共识机制。当需要存放至区块链上的数据形成一个块（block）后，它将会被按照先后顺序连接到链条（chain）的尾部。由于块的生成需要使用前一个区块的哈希值，修改一个区块中的数据就需要重新生成它之后的所有区块。与此同时，由于共识机制的存在，修改数据需要控制整个区块链系统中 51% 的算力才能够重新生成所有区块。这意味着篡改区块的成本极高。

③　**智能合约**：智能合约允许在区块链系统中多个参与方设置复杂的规则，并保存在区块链上。当智能合约所设置的条件被触发时，智能合约将自动执行。在共识机制与智能合约的加持下，区块链系统在多方参与的情况下实现规则透明与智能协同。

任务实施

1. 毕业证查证系统需求分析

毕业证查证系统的核心功能为：每所学校需要为学生建立不可篡改的 ID（学生证）、毕业证，并由学生和学校共同维护。其中涉及的学生与学校两类角色需要实现以下功能。

（1）学生角色功能需求

学生后台的核心业务流为：当学生登录及鉴权后，访问该学生对应的学校，进行 ID（学生证）和毕业证的申请和获取；获取的 ID（学生证）和毕业证可以出示并转存给第三方，第三方可以发给任何可以连接区块链的服务方来进行验证。

因此，学生后台需要包括 ID 管理（创建学生 ID、向学校申请补充就读信息、获取 ID）与毕业证管理（向学校申请毕业证、获取毕业证）两大功能。

（2）学校角色功能需求

对于学校角色而言，每所学校本身有一个学生数据库，用于存储已有的学生信息。从本项目的核心功能角度来看，主要包括以下几大功能模块。

① 对所属学生的 ID 进行创建和修改。学校首先查询本校的数据库，查看该学生是否在本校就读或毕业。然后，根据接口需求，对相关 ID 进行创建和属性修改。

② 对毕业证进行具体业务管理，如创建、修改属性、撤销等。

③ 此外，还需要具备学生黑/白名单、链上其他学校信息维护等管理功能。

（3）不可篡改数据

为了满足以上角色业务功能需求，本项目主要涉及以下两类重要数据。

① **ID（学生证）**：本项目中，ID 为一个学生的"教育档案"，应当包含这名学生所有的教育经历、参加过的资格考试和培训经历。不同的学校、教育机构，应秉持公正可信的原则向该学生的 ID 中写入其受教育经历。每次教育信息的写入均留下记录。

② **毕业证**：学生必须通过学校来申请本校的毕业证。毕业证一经创建，只有颁发毕业证的学校可以修改、撤销，且每次修改需留下记录。

通过需求分析可以得出，学生 ID（学生证）及毕业证这两类数据应具有不可被篡改的特性，并且由学生和学校共同维护。

2. 毕业证查证系统实施方案比较

基于毕业证查证系统的项目功能需求，可以从以下几方面对实施方案进行比较。

① **数据不可篡改**：所选择的实施方案能否保证学生 ID（学生证）和毕业证这两类重要数据不会被恶意篡改。

② **共同维护**：所选择的实施方案能否支持多参与方对数据共同维护，即学生和学校共同维护学生证和毕业证数据。

③ **验证方便**：所选择的实施方案能否支持企事业单位或者其他社会机构对学生的毕业证真实性进行验证。

④ **信息孤岛**：由于毕业证查证过程中可能涉及一个学生就读过的多所学校，因此不同学校之间应该保持信息共享，不应该存在信息孤岛。

⑤ **用户隐私保护**：还需要考虑所选择实施方案能否提供用户隐私保护功能或方案。

毕业证查证系统实施方案有以下几种。

（1）学校各自维护方案

由于毕业证是每所学校自行颁发的，最简单的毕业证查证系统便是由每所具有颁发毕业证资质的学校（学校 A、学校 B、学校 C），自行维护自己的一套毕业证系统。当社会机构需要查验学生毕业信息时，必须通过各学校的毕业证查证系统才能完成，具体如图 1-1-4 所示。

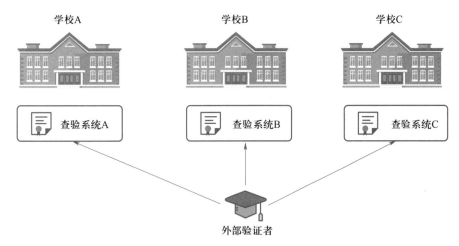

图 1-1-4 毕业证查证系统的学校各自维护方案

由于学校各自维护毕业证查证系统形成了信息孤岛，且该方案无法验证学校系统中存放的毕业证与学生证从未被篡改过，外部查验者无法核实学生证与毕业证的真伪，导致查证结果不可信。

（2）中心化系统方案

毕业证查证系统还可以采用中心化系统方案，即由单一机构负责所有学校（学校 A、学校 B、学校 C）毕业证系统的运营维护。所有学生的毕业证存储在某个毕业证查证中心机构的系统中，具体如图 1-1-5 所示。

该方案虽然解决了"信息孤岛"的问题，但是仍然存在以下 3 个主要问题：首先是中心化系统的控制权过于集中，容易出现商业壁垒；其次，由于中心机构负责所有学校毕业证系统的运营维护，中心机构就拥有所有数据的控制权，这时用户数据隐私存在被挪用、滥用的风险；最后，外部验证者无法与中心机构共同维护学生的毕业证或学生证数据，也无法监督中心机构以防其篡改数据。

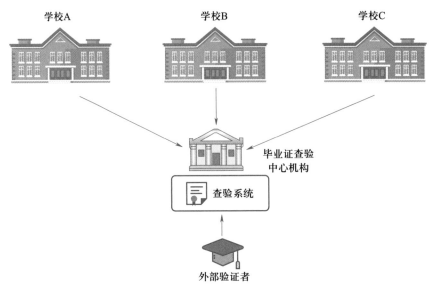

图 1-1-5　毕业证查证系统的中心化系统方案

（3）区块链系统方案

去中心化的区块链系统也是一种可行的毕业证查证系统方案。在区块链系统方案中，可以将用户的身份、毕业证等数据及平台进行解耦。同时，区块链系统的参与者由发行者（颁发毕业证的学校）、身份持有者（毕业生）和验证者（需要查验毕业证真伪的用户）组成，具体如图 1-1-6 所示。

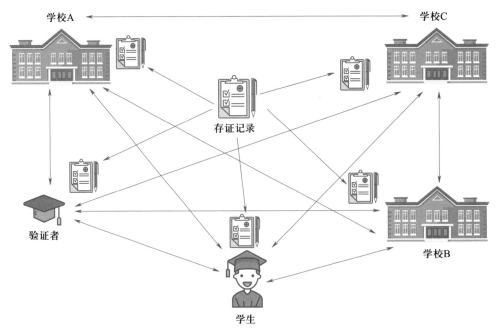

图 1-1-6　毕业证查证系统的区块链系统方案

区块链系统中的参与方（学生、验证者、学校 A、学校 B、学校 C）将共同维护存证记录。由于每个参与方手中都有毕业证的副本，增加了学校或者学生篡改数据的难度。得益于对毕业证的共同维护，打破了信息孤岛，验证者可以轻松地查验证件信息。

如表 1-1-1 所示，通过对比学校各自维护、中心化系统及区块链系统 3 个实施方案可以看出，以区块链系统为主的分布式商业模式基于学校、学生和验证者的共同维护，能够有效打破信息孤岛，增加篡改数据的难度，提供合理的用户隐私保护，且验证方便，更适合于毕业证查证系统的实施。

表 1-1-1　毕业证查证系统实施方案比较

方案	比较项				
	数据不可篡改	用户隐私保护	共同维护	验证方便	信息孤岛
学校各自维护		√			√
中心化系统				√	
区块链系统	√	√	√	√	

任务拓展

1. 分布式商业应用场景

分布式商业主要应用于对"信息不对称+管理难协同"的行业进行数字化升级改造。这类行业包括金融、法律、版权、物业、会计、建筑、物流等。

在 FISCO BCOS 官方社区中，提供了传统的建筑行业使用分布式商业应用的实例。在传统建筑业中，上下游链条长，存在产业链各环节的参与者之间信息不透明、各主体间款项账期的节点把控模糊等问题，导致整体工程进度缓慢，推高信任成本，严重制约行业发展。这些建筑行业存在的问题，可以利用分布式商业中多方参与、自下而上、智能协同、规则透明等特性解决。

在该案例中，某建筑科技有限公司联手 FISCO BCOS 引入区块链系统解决方案后，得益于数字签名、加密算法、智能合约等区块链技术，实现了去中心化的任务协同和数据流转。将原有项目链条（产业链条）上的参与者（如项目、设计、施工、勘察、总包、分包、监理、班组等各方）置于同一任务场景中，不再具有严格的上下游流程关系，原来极易形成彼此掣肘的"物流、资金流、信息流"也能做到有机协同，有效赋能建筑行业。

2. 区块链系统信任机制

每当提到区块链系统时，总会将区块链系统与"群体共识、不可篡改、高一致性、安全和保护隐私"等术语联系在一起。区块链系统的信任机制主要源自以下技术。

①密码学算法：在区块链系统中，数据的安全保护及用户的隐私保护主要来源于大量的数据加密算法和签名验证算法，如 Hash 摘要、对称加密和非对称加密算法，以及相关的签名验证算法。因此，密码学应用是保障区块链信任机制的重要技术之一。

②区块链数据结构：正如上文所提到的，区块链系统不可篡改的特性主要源自区块链系统中块链的数据存储结构。得益于环环相扣的数据链形式，对数据链上一个数据块中任何位进行篡改，都会导致 Hash 算法校验结果出错，并被发现。

③区块链共识算法：区块链中的共识算法是区块链信任机制的核心部分。共识算法通过预先设定好的机制使区块链系统中的参与方保证区块得到的结果是无争议且唯一的。正是由于共识算法机制的存在，区块链系统中的各参与方才能够互相信任。

④智能合约：在区块链系统应用中，智能合约保证了系统各参与方能够互相信任，事先预定的合约规则能够按时执行，可以有效增进各参与方的信任感。

任务 1-2　区块链方案咨询

微课 3：
区块链方案
咨询

任务描述

本任务将通过对公有链、联盟链的比较，确定毕业证查证系统应选择的区块链平台和对应的解决方案。通过该任务的学习，掌握联盟链的平台架构及特点、联盟链的准入机制以及区块链解决方案的推荐。

问题引导

1. 区块链系统有哪些类别？
2. 公有链与联盟链有什么区别？
3. 毕业证查证系统适合公有链还是联盟链？
4. 主流的联盟链区块链平台有哪些？
5. 毕业证查证系统应该选用什么样的区块链解决方案？

知识准备

1. 公有链平台架构

早期区块链的相关论文中提出了以区块链技术为核心的去中心支付方案。其核心思想是通过创建一个向全世界所有人开放的区块链系统，使得每个有意参与该系统中进行记账的账户都可以成为一个节点。系统中的节点通过激励机制和加密数字验证相结合，实现交易的共识。公有链是指全世界任何人都可读取、发起交易、交易能获得有效确认、可以参与共识过程的区块链。

第一代公有链支持简单的信息发送和支付等功能。在此期间，虽然产生了一系列以区块链技术为核心的数字货币，但没有给公有链带来更多的应用场景。

随着以太坊的出现，公有链进入了一个新的时代。以太坊在支付应用的基础上，引入了智能合约，允许在公有链系统中的参与方开发智能合约，极大地提高了公有链区块链应用的深度和广度。因此，支持智能合约开发的公有链被称为第二代公有链。

第二代公有链平台架构包括数据层、网络层、共识层、激励层、合约层和应用层，如

图 1-2-1 所示。

① **数据层**：主要通过"区块+链"的数据结构对上链的数据进行存储。该层主要包括区块、用于校验的 Merkle 树节点、交易池等信息。

② **网络层**：负责将区块交易数据进行广播以及验证。

③ **共识层**：区块链系统中的共识机制在该层完成。常见的共识算法有工作量证明机制（Proof of Work，PoW）、权益证明机制（Proof of Shake，PoS）等。

图 1-2-1 第二代公有链平台架构

④ **激励层**：对于公有链应用，该层是必需的。在区块链系统中对交易进行验证的节点，可以通过该层获得相应的奖励。

⑤ **合约层**：设置了智能合约规则的公有链应用，通过该层可以实现对底层区块链系统进行访问。

⑥ **应用层**：主要承载各种公有链的衍生应用。

对于大部分的公有链平台应用，需要包含数据层、网络层、共识层与激励层，但不一定包含合约层和应用层。

2. 公有链平台风险

以虚拟数字货币为主的公有链应用的流行，虽然极大地推动了区块链技术的发展，但公有链平台本身存在以下安全风险和效率等问题。

① **安全风险**：由于公有链没有准入机制，任何人都可以加入公有链成为一个节点。因此，公有链面临着加入系统中带着恶意的个体或组织的攻击。这些个体或组织可以发起分布式拒绝服务（Distributed Denial of Service，DDoS）攻击、女巫攻击（Sybil Attack）、共谋攻击（Collusion Attack）、算力攻击等各种形式的外部与内部攻击。

② **隐私问题**：由于每个加入系统的节点个体都能够轻松获得所有的链上数据。当数据缺乏隐私保护时，存放在公有链上的数据将面临巨大的隐私泄露风险。这一风险对于数据隐私高度敏感的行业（如法律、金融、身份认证等）是致命的。

③ **效率问题**：公有链中常用的共识算法工作量证明机制（PoW）需要花费较长的时间才能完成一个区块的生成。以第一代加密货币为例，平均需要 10min 才能产生一个新的区块。而权益证明机制（PoS）等其他共识算法虽然能够缩短区块生成时间，但相对安全性会降低。因此，低效的区块生成将严重影响公有链平台在效率敏感行业中的应用。

④ **最终确定性问题**：在公有链平台下，PoW 等共识算法无法明确特定的某笔交易最终是否会被包含进区块链中，这导致公有链平台在金融、法律等行业应用的可用性较差。

3. 联盟链平台架构

公有链宽松的准入机制及存在的安全问题和风险，使其在银行、保险、证券、商业协会、集团企业等领域难以得到推广和应用。为了解决这一问题，联盟区块链（简称联盟链）应运而生。联盟链应用对象是各个行业的上下游企业。

不同于公有链允许任何人加入系统，联盟链仅针对有限的群体和第三方开放，其内部指定多个预选节点为记账人，每个块的生成由所有的预选节点共同决定。

联盟链与公有链相同，底层都是区块链技术。虽然联盟链的通用架构与公有链准入机制和应用场景不同，但这两者的架构类似，自下而上分为存储层、数据层、网络层、共识层、激励层、合约层和应用层，如图 1-2-2 所示。

① **存储层**：主要用于存储与交易相关的日志和内容。对于应用中没有上链的数据，也可以存放在该层。

② **数据层**：与公有链平台的数据层相同，主要包括区块、用于校验的 Merkle 树节点、交易池等信息。

应用层

合约层

激励层

共识层

网络层

数据层

存储层

图 1-2-2　联盟链平台通用架构

③ **网络层**：主要提供共识达成及数据通信的底层支持。对于具体的网络层实现技术，不同的联盟链平台会有所差异。

④ **共识层**：在联盟链中，该层注重各节点间的信息统一，常见的联盟链共识算法有 PBFT（Practical Byzantine Fault Tolerance）、RAFT（Replication and Fault Tolerant）、rPBFT 等。

⑤ **激励层**：不同于公有链，该层在联盟链中不是必需的。

⑥ **合约层、应用层**：这两层共同承担了联盟链业务功能实现。

4. 区块链解决方案

在联盟链的大部分应用场景中（如金融、文化版权、司法服务、政务服务）都涉及数字身份认证。分布式数字身份（Decentralized ID，DID）是一种去中心化的区块链解决方案、可验证的数字标识符，用来代表一个数字身份，不需要中央注册机构就可以实现全球唯一性，具有分布式、自主可控、跨链复用等特点。基于区块链技术实现的分布式数字身份有以下优势。

① **可公开访问**：分布式账本可被公共访问，因此任何人都可以在没有中介的情况下使用。通过在尽可能广的范围内部署分散节点网络，实现即使一个或多个节点关闭或无法运行，人们仍可以随时访问该网络。

② **可信验证**：分布式账本的每个节点都运行分布式数字身份账本。分布式账本能够生成状态证明。客户端可以使用状态证明了解分类账的状态，而不必下载和访问整个分类账。每个状态证明都包含一个时间戳，以便客户端可以确定状态证明是否足够适合它们的

用例或是否需要刷新。时间戳非常适用于证书验证。在该验证中客户端可能会在一段时间内无法访问网络，从而需要离线验证，这是普遍采用数字证书的关键要求。此外，状态证明可以交叉锚定在其他分布式账本上，以提高可靠性、可信赖性。

③ 操作成本低廉：分布式数字身份需要成为广泛可用的基础设施。其账本上的交易验证成本应尽可能低廉，账本访问应尽可能便宜，以覆盖更广泛的网络受众。

任务实施

1. 比较公有链与联盟链

在任务 1-1 中，选择了区块链系统作为毕业证查证系统的实施方案。区块链系统可以分为公有链和联盟链这两个大类。对于毕业证查证系统，可以从以下几个方面比对公有链平台和联盟链平台的优劣并做出选择。

① **智能合约**：学生 ID 和毕业证上链需要通过智能合约完成。因此，毕业证查证系统选用的区块链系统需要支持智能合约的开发。除了第一代公有链，第二代公有链和联盟链均支持智能合约开发。

② **分布式身份验证**：分布式身份验证区块链系统支持用户自主管理身份并且保证用户的身份隐私。毕业证查证系统中学生和学校共同维护毕业证和学生证信息，不需要依赖第三方机构。因此，毕业证查证系统适合采用分布式身份验证。公有链与联盟链中均有平台支持分布式身份验证。

③ **数据隐私安全**：毕业证查证系统的主要目的是支持企事业单位或者其他社会机构对学生的毕业证真实性进行验证。因此，实施方案需要便于毕业证查证。

④ **效率**：由于毕业证查证涉及的毕业证存量约 1 亿个，因此区块链系统的效率极其重要。公有链共识算法产生区块的速度比较慢，会影响毕业证查证系统的使用体验。

⑤ **最终确定性问题**：公有链所使用的 PoW 等共识算法无法明确特定的某笔交易最终是否会被包含进区块链中。如果学生 ID 或者毕业证无法明确最终是否被包含进区块链中，对于查证的机构查证业务会产生巨大的影响。因此，从不存在最终确定问题的联盟链是毕业证查证系统更好的选择。

区块链系统比较见表 1-2-1。可见毕业证查证系统更适合采用联盟链平台进行应用开发。

表 1-2-1 区块链系统比较

区块链系统	智能合约	分布式身份验证	数据隐私安全	效率	最终确定性问题
公有链	支持	支持		低	存在
联盟链	支持	支持	支持	高	不存在

2. 选择毕业证查证系统的联盟链平台

表 1-2-2 从管理方、应用、国密支持、社区等方面比较了 Hyperledger、FISCO BCOS、EEA Quorum、R3 Corda 这 4 种主流的联盟链平台。

表 1-2-2　主流联盟链比较

联盟链	管理方	应用	国密支持	社区
Hyperledger	Linux 基金会	拥有较多商业应用	不支持	大量活跃用户
FISCO BCOS	金融区块链合作联盟（深圳）	从金融行业出发，基于本土化的优势	支持	大量活跃用户
EEA Quorum	企业以太坊联盟	落地应用少	不支持	活跃度不高
R3 Corda	42 家金融、银行公司	落地应用少	不支持	活跃度不高

在表 1-2-2 中，Hyperledger 由 Linux 基金会管理，是目前比较主流的开源联盟链平台。Hyperledger 希望成为一个温室，将用户、开发人员、各行各业的服务商有机联系在一起。Hyperledger 温室架构如图 1-2-3 所示。

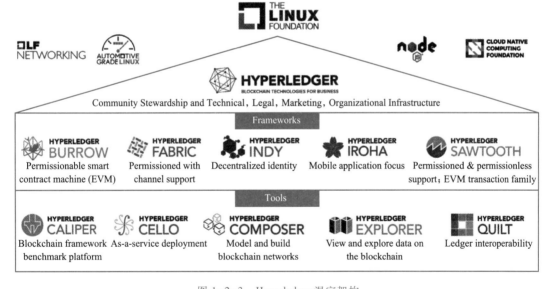

图 1-2-3　Hyperledger 温室架构

基于 Hyperledger 联盟链进行开发的区块链项目遵循模块化、高安全性、协同性、具有完整的 API 等特性。Hyperledger 在银行业、金融服务业、健康产业、IT 产业、供应链等行业均有落地商业应用。相较于 Hyperledger，企业以太坊联盟（EEA）的 EEA Quorum 及 R3 Corda 的商业落地应用则少了许多，并且相应的社区人员活跃度不高。

FISCO BCOS 是由国内企业主导研发、对外开源、安全可控的企业级金融联盟链底层平台，由金链盟开源工作组协作打造，并于 2017 年正式对外开源。FISCO BCOS 在 2.0 版中，创新性提出"一体两翼多引擎"架构，实现系统吞吐能力的横向扩展，大幅提升性能，在安全性、可运维性、易用性、可扩展性方面，均具备行业领先优势，具体如图 1-2-4 所示。

图 1-2-4　FISCO BCOS "一体两翼多引擎"架构

① **一体**：指群组架构，支持快速组建联盟和建链，让企业建链像建聊天群一样便利。根据业务场景和业务关系，企业可选择不同群组，形成多个不同账本的数据共享和共识，从而快速丰富业务场景、扩大业务规模，且大幅简化链的部署和运维成本。

② **两翼**：指支持并行计算模型和分布式存储。二者为群组架构带来更好的扩展性。并行计算模型改变了区块中按交易顺序串行执行的运行模式，基于有向无环图（DAG）并行执行交易，大幅提升性能；分布式存储支持企业（节点）将数据存储在远端分布式系统中，克服了本地化数据存储的限制。

③ **多引擎**：指一系列功能特性的总括。例如，预编译合约能够突破 EVM 的性能瓶颈，实现高性能合约；控制台可以让用户快速掌握区块链使用技巧等。

上述功能特性聚焦解决技术难点问题和体验的痛点，为开发、运维、治理和监管提供更多的工具支持，让系统处理速度更快、容量更高、应用运行环境更安全、稳定性更高。

FISCO BCOS 社区以开源链接多方，汇聚了超千家企业及机构、逾万名社区成员参与共建共治，发展成为目前最大、最活跃的国产开源联盟链生态圈。底层平台可用性经广泛应用实践检验，数百个应用项目基于 FISCO BCOS 底层平台研发，超 80 个已在生产环境中稳定运行，覆盖版权、司法、政务、物联网、金融、智慧社区等领域。可见，FISCO BCOS 是一个满足安全、高效、稳定等要求的选择，适合毕业证查证系统的实施。

3. 选择毕业证查证系统的分布式数字身份协议解决方案

在毕业证查证系统中，由学生掌握自己的毕业证和身份信息等数据。多所学校或权威机构组成联盟共同维护平台，提供毕业证的存储和查验服务。对于这类服务，可以选择 DID 的区块链解决方案。DID 可由所有人（如学生、学校）自主创建，可独立完成 DID 的注册、解析、更新或撤销操作。一个 DID 对应一个详细的 DID 文档（Document），该文档包括 DID 的唯一标识码、公钥列表和公钥的详细信息（如持有者、加密算法、密钥状态等），以及 DID 持有者的其他属性描述。

在该项目中，DID 可以作为全局唯一的身份标识提供给学生、学校等实体。一个学生可以拥有多个数字身份，每个身份被分配唯一的 DID 值，以及与之关联的非对称密钥。不同的身份之间，默认不存在任何可以被反推关联关系的信息，防止恶意窥探所有者身份信息，如一个 DID 用于求职，另一个用于读研、读博等。

在联盟链平台中，有影响力的 DID 解决方案如下。

① 深圳前海微众银行发布了 WeIdentity 开源项目，实现分布式多中心实体身份标识和管理，在用户数据隐私得到充分保护的同时，机构可以通过用户授权，安全合规地完成可信数据的交换。

② Hyperledger Indy 开源项目的目标是建立基于区块链网络的 DID 基础设施。Hyperledger Indy 通过提供工具、库、可复用的组件等用于构建基于区块链技术的分布式表标识解决方案。

基于 FISCO BCOS 区块链技术的微众银行 WeIdentity 解决方案已经在国内的版权、政务、司法等多领域拥有成功的落地方案。

（1）在版权领域的应用

在既有技术条件下，网络内容版权保护存在较多痛点问题：

① 确权难，传统版权登记周期长、流程烦琐、成本高，版权对应的内容收益难定义、难统计、难追踪。

② 取证难，数字作品易复制、易传播、难溯源，调查取证手段匮乏、耗时长、成本高。

③ 维权难，侵权行为认定难，侵权诉讼流程复杂，诉讼成本高、时间长，被侵权方需要投入巨大人力、物力进行维权。

上述痛点可以考虑通过基于 FISCO BCOS 区块链底层技术构建的 DID 解决方案进行改善，实现数字版权确权、监测、侵权取证、诉讼的全流程线上化和自动化。在版权维护中，选择 DID 解决方案，可以利用区块链技术透明、可信、可验证、不可篡改等特性，降低侵权举证的成本，在技术侧解决版权保护的痛点问题。

基于区块链技术搭建的人民版权保护平台大幅降低司法过程中的证据取证与保全成本，用传统方式二分之一的价格便可完成确权、维权的全流程，具体如图 1-2-5 所示。

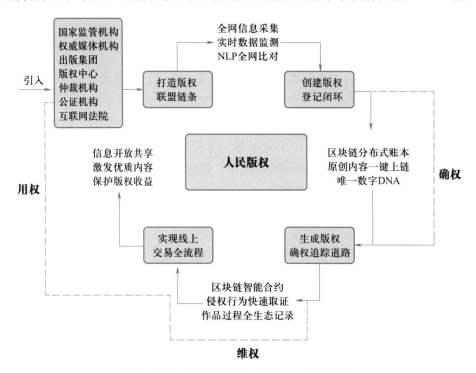

图 1-2-5　人民版权平台 WeIdentity 解决方案

从图 1-2-5 中可以看出，当作者提交作品原创申请时，平台为作品基于登记时间、作品名、核心摘要等信息生成数字指纹（数字 DNA）。同时为每篇作品与作者的原创关系生成凭证（Credential），生成凭证摘要上链，在链上存证 DNA 数据。同时，平台还可以通过打通链上的侵权取证及诉讼流程实现版权保护及版权交易的全线上化和自动化。

（2）在政务领域的应用

我国澳门特别行政区的居民在找工作或办理其他事务时，经常需要出示自己的证书或证明。一方面纸质证书的管理成本高，使用次数、场景、流程都受限制；另一方面用人单位或其他机构很难验证证书真伪，通过人工或第三方验证的方式耗时长、效率低。同时，多机构间的信息传递，可能因道德风险及操作风险导致用户隐私泄露。基于以上原因，个人数据隐私保护相关法规要求用户数据在不同机构间传输时需要居民提供授权书进行确认，流程复杂且时效性较差。

为此，我国澳门特别行政区政府基于 WeIdentity 方案推出了证书电子化项目，实现安全高效的跨机构身份标识和数据合作，提升用户的服务体验。用户通过实名认证后，用户代理会为其生成独一无二的 WeID，并由用户身份验证服务提供方为用户基于此 WeID 生成用户的 KYC 凭据。用户访问接入联盟链上的其他机构时，只需出示自己的 WeID 及 KYC 凭据，便可认证身份并执行业务。若出现用户丢失了本地存储的电子凭证，在获取用户链上授权的基础上，通过区块链连接证书发行方后台并拉取凭据（Credential）原文，具体如图 1-2-6 所示。

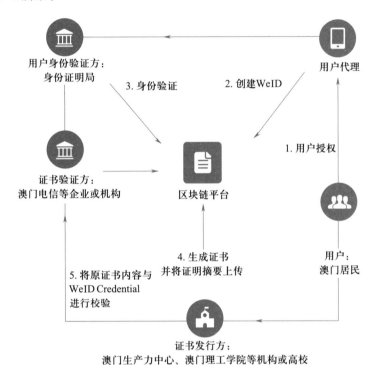

图 1-2-6　澳门区块链证书电子化 WeIdentity 解决方案

由于微众银行 WeIdentity 在国内众多行业、领域已经拥有分布式数字身份协议的成功案例，推荐毕业证查证系统采用基于 FISCO BCOS+WeIdentity 的区块链解决方案实施。

4. 确定毕业证查证系统区块链解决方案的总体架构

通过以上分析，毕业证查证系统可以采用 FISCO BCOS+WeIdentity 的区块链解决方案，其总体架构如图 1-2-7 所示。

其中 FISCO BCOS 作为底层区块链平台，其应用程序使用 Java 语言开发，通过 FISCO BCOS Java SDK 与区块链系统交互。其次，在智能合约层面，使用 Solidity 作为开发语言，实现证书和 ID 上链功能。在服务应用层，系统分两大模块，分别是学生服务模块和学校服务模块。最后，区块链底层节点由代表学校提供，其他学校通过学校服务模块与系统交互。

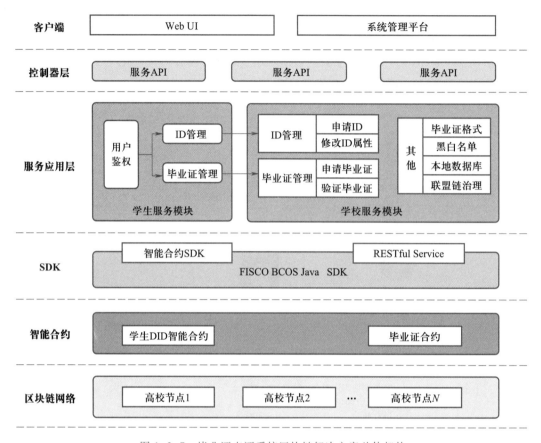

图 1-2-7   毕业证查证系统区块链解决方案总体架构

任务拓展

1. FISCO BCOS 共识算法

区块链系统通过共识算法保障系统一致性。理论上，共识是对某个提案达成一致意见的过程，分布式系统中提案的含义十分宽泛，包括事件发生顺序、谁是 Leader 等。在区块链系统中，共识是各共识节点对交易执行结果达成一致的过程。

根据是否容忍拜占庭错误，共识算法可分为容错（Crash Fault Tolerance，CFT）类算法和拜占庭容错（Byzantine Fault Tolerance，BFT）类算法。

① **CFT 类算法**：普通容错类算法，当系统出现网络、磁盘故障，服务器宕机等普通故障时，仍能针对某个提议达成共识。经典的算法包括 Paxos、RAFT 等，这类算法性能较好、处理速度较快，可以容忍不超过一半的故障节点。

② **BFT 类算法**：拜占庭容错类算法，除了容忍系统共识过程中出现的普通故障外，还可容忍部分节点故意欺骗（如伪造交易执行结果）等拜占庭错误，经典算法包括 PBFT

（Practical Byzantine Fault Tolerance）等，这类算法性能较差，能容忍不超过三分之一的故障节点。

FISCO BCOS 目前支持 PBFT 和 Raft。

2. 超级账本 Hyperledger 框架

在表 1-2-2 对比的主流联盟链平台中，目前落地应用多且社区活跃的，主要是超级账本 Hyperledeger 及 FISCO BCOS。在 Hyperledger 温室架构中，Hyperledger 主要孵化了超级账本生态中以下几个方面的区块链技术。

① **分布式账本框架**：用于区块链应用系统开发的各类分布式账本框架。

② **智能合约引擎**：允许用户通过智能合约开发引擎编写智能合约。

③ **开发库**：包括大量的客户端开发库以及使用开发库。

④ **图形化界面**：提供图形化用户界面，方便用户进行区块链应用系统开发。

⑤ **应用开发实例**：通过应用开发实例能够有效降低用户学习开发门槛。

Hyperledger 框架主要由以下几大组件构成，具体见表 1-2-3。

表 1-2-3　**Hyperledger 框架介绍**

分布式账本框架	说　明
Hyperledger Burrow	模块化的区块链客户端，提供基于以太坊虚拟机（EVM）的智能合约解析器
Hyperledger Fabric	用于开发分部署账本解决方案的平台，具有高安全性、灵活性、可伸缩性等
Hyperledger Indy	能够提供工具、库、可复用的组件等，用于构建基于区块链技术的分布式表标识解决方案的超级账本
Hyperledger Iroha	能够帮助企业快速构建区块链解决方案的区块链框架
Hyperledger Sawtooth	用于搭建、部署和运行分布式账本的模块化平台

课后练习

一、单选题

1. 在公有链上进行交易时，记账和验证的过程由（　　）来完成。

A. 中央银行　　　　　　　　　　B. 区块链网络的节点参与者

C. 第三方信任机构　　　　　　　D. 交易的发起方

2. 区块链技术在分布式商业中的作用是（　　）。

A. 实现全球支付和结算

B. 提供高度安全的数据存储和传输

C. 自动执行合同和减少信任成本

D. 实现实时数据分析和预测

3. 以下关于区块链系统与中心化系统说法错误的是（　　）。

A. 区块链系统能够有效打破信息孤岛

B. 中心化系统容易出现商业壁垒

C. 区块链系统中的参与方将共同维护数据

D. 中心化系统由于具有中心机构管理数据，能够有效避免用户数据被篡改

4. 联盟链相比于公有链，最大的区别是（　　）。

A. 联盟链具有更高的安全性

B. 联盟链支持匿名交易

C. 联盟链对参与者的准入有限制

D. 联盟链交易速度更快

5. （　　）不属于中心化系统存在的弊端。

A. 可靠性无法保障　　　　　　　B. 不具有绝对控制权

C. 无法完全信任　　　　　　　　D. 数据隐私存在风险

二、判断题

1. 分布式商业模型依赖于中央机构来控制和管理业务流程。　　　　（　　）

2. 区块链是由一个统一的负责机构运营管理。　　　　　　　　　　（　　）

3. 联盟链的数据完全公开。　　　　　　　　　　　　　　　　　　（　　）

项目2　区块链系统配置与管理

学习目标

知识目标

- 掌握 FISCO BCOS 多级证书结构。
- 了解 WeBase 管理平台。
- 掌握区块链系统部署文档编写规范。

能力目标

- 能使用区块链系统管理工具管理区块链系统。
- 能编写区块链部署文档。
- 能配置 FISCO BCOS 节点。

素养目标

- 具有严谨、细致、规范的职业素质。
- 具有良好的学习习惯。

项目描述

在项目 1 中明确了毕业证查证区块链应用系统方案采用基于 FISCO BCOS 的区块链平台进行区块链应用系统开发。本项目要求区块链开发配置人员掌握 FISCO BCOS 区块链系统的配置、管理、部署、调试及维护。该项目是保障项目开发顺利完成的关键部分，包括 FISCO BCOS 中证书创建、节点接入、智能合约部署与调试、区块链系统监控等重要内容。因此，区块链配置管理项目围绕 FISCO BCOS 区块链系统特性分解为以下 3 个任务。

① **任务 2-1　区块链系统管理**：通过该任务，能够完成选定的 FISCO BCOS 区块链系统的证书创建、关键文件配置、网络通信端口配置等基本管理。

② **任务 2-2　区块链系统维护**：通过该任务，能完成选定的 FISCO BCOS 区块链系统的系统监控、节点准入、智能合约部署等系统维护工作。

③ **任务 2-3　区块链系统管理工具使用**：通过该任务，能掌握选定的 FISCO BCOS 区块链系统的系统运行状况，区块链管理，系统部署和配置的工具使用。

任务 2-1　区块链系统管理

微课 4：
区块链系统
管理

任务描述

本任务需要完成区块链系统的配置与创建，主要包括配置网络、创建联盟链数字证书和毕业证查证系统的部署。

问题引导

1. 区块链中不同机构的节点如何相连？
2. 如何保证区块链的网络畅通？
3. 联盟链向授权的组织或机构开放，是否有准入机制，如何设计？
4. 联盟链的委员会、机构、参与方分别有怎样的权限和身份说明？

知识准备

1. FISCO BCOS 网络的 3 类端口

区块链网络由多个互相连接的节点构成，每个节点又与客户端浏览器监控工具等相连。理清各种网络端口的存在，达成网络畅通的同时又保证安全是建立区块链网络的基础。FISCO BCOS 网络包括 3 类端口：P2P 端口、RPC 端口、Channel 端口，如图 2-1-1 所示。

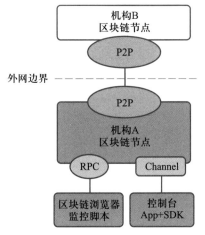

图 2-1-1　FISCO BCOS 网络的 3 类端口

① **P2P 端口**。该端口用于区块链节点之间的互连，包括机构内的多个节点，以及多机构之间节点和节点的互连。如果其他节点在机构外，那么这个连接要监听公网地址或监听内网，且由连接公网的网关（如 Nginx）转发网络连接。节点之间的连接由联盟链的准入机制控制，依赖节点证书验证，以排除未经许可的危险连接。这个链路上的数据通过 SSL 方式加密，采用高强度密钥，可以有效地保护通信安全。

② **RPC 端口**。RPC 是客户端与区块链系统交互的一套协议和接口，用户通过 RPC 端口可查询区块链相关信息（如块高、区块、节点连接等）和发送交易。RPC 端口接受 JSON-RPC 格式的请求，格式比较直观清晰，采用 JavaScript、Python、Go 等语言都可以组装 JSON 格式的请求，发送到节点处理。当发送交易时，客户端须实现交易签名。注意，RPC 连接没有做证书验证，且网络传输默认是明文，安全性相对不高，建议只监听内网端口，用于监控、运营管理，状态查询等内部的工作流程。目前监控脚本、区块链浏览器连接的是 RPC 端口。

③ **Channel 端口**。控制台和客户端 SDK 连接 Channel 端口，要通过证书认证，只有经过认证的客户端才能向节点发起请求。通信数据也是采用 SSL 方式加密。Channel 端口使用了传输控制协议（TCP）的长连接，用心跳包检测和保持存活，通信效率较高，支持链上信使协议（AMOP）的点对点通信，功能灵活强大。Channel 端口应只监听内网 IP 地址，供机构内其他的应用服务器通过 SDK 连接，不应监听外网地址或接受公网的连接，以免发生不必要的安全问题，也不要只监听本地地址（127.0.0.1 或 localhost），否则其他应用服务器将无法连接到节点。

表 2-1-1 总结了上述 3 种网络端口的 IP 地址、端口号、作用和安全考量。注意，节点间 P2P 端口需开通白名单，要求 4 个节点的 P2P 端口实现全互连；只允许本机构特定 IP 地址的应用（如控制台、业务 SDK）连接；节点的 RPC 端口不能对外开放，只允许同机的监控脚本及区块链浏览器访问。关于 FISCO BCOS 网络端口的更多内容可前往官方文档查看。

表 2-1-1   FISCO BCOS 3 种网络端口总结

名称	IP 地址	端口号	作用	安全考量
P2P 端口	监听外网 IP 地址或可从外网转发请求的内网 IP 地址	默认为 30300，同机部署更多节点依次递增（下同）	节点之间的互连	准入控制、加密通信、IP 地址黑白名单、防 DDoS
RPC 端口	内网 IP 地址	默认为 8545	本地管理监控	切勿对外网公开此端口
Channel 端口	内网 IP 地址（同 RPC 端口）	默认为 20200	SDK、控制台连接	通过证书和节点互相校验，加密通信，不建议对公网提供此端口

2. FISCO BCOS 的多级证书结构

联盟链中，链上的多方参与是一种协作关系。联盟链向授权的组织或机构开放，有准入机制。在准入机制中，证书是各参与方互相认证身份的重要凭证。可以说，证书机制是联盟链网络安全的基石。

FISCO BCOS 网络采用面向证书签发机构（Certification Authority，CA）的准入机制，支持任意多级的证书结构，保障信息保密性、认证性、完整性、不可抵赖性。

FISCO BCOS 默认采用 3 级证书结构，自上而下分别为链证书、机构证书、节点证书。如图 2-1-2 所示，x509 协议的证书内容包括了证书版本号、序列号、签名算法、消息摘要算法等生成信息。该协议同时包括了证书的颁发者、有效期、使用者、公钥信息、SSL通信需要的密码套件等信息。

图 2-1-2　x509 协议的证书内容

节点通过加载证书，在接收数据包时，根据证书规定的密码套件和其消息字段，对数据包中携带的证书进行验证。

FISCO BCOS 的证书结构中的联盟链委员会、联盟链成员机构、联盟链参与方（节点和 SDK）证书生成流程如下。

① 联盟链委员会拥有联盟链的根证书 ca. crt 和私钥 ca. key，通过使用 ca. key 对联盟链成员机构签发机构证书，负责完成联盟链成员机构的准入、剔除等操作。联盟链委员会初始化根证书 ca. crt 时，先本地生成私钥 ca. key，再自签生成根证书 ca. crt。

② 联盟链成员机构为经过联盟链委员会许可，加入联盟链的机构。联盟链成员机构拥有机构私钥 agency. key 和经过根私钥 ca. key 签发的机构证书 agency. crt。联盟链成员机构可以通过机构私钥签发节点证书，从而配置本机构的节点和 SDK，具体如图 2-1-3 所示。联盟链成员机构获取机构证书 agency. crt 的主要步骤如下。

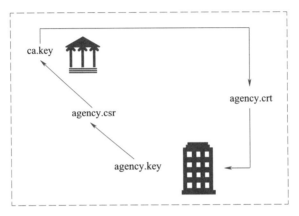

图 2-1-3　联盟链成员机构获取机构证书 agency. crt

- 本地生成私钥 agency. key。
- 由本地私钥生成证书请求文件 agency. csr。
- 将证书请求文件 agency. csr 发送至联盟链委员会。
- 联盟链委员会使用 ca. key 对证书请求文件 agency. csr 进行签发，得到联盟链成员机构证书 agency. crt。
- 联盟链委员会将联盟链成员机构证书 agency. crt 发至对应成员。

③ 联盟链参与方可以通过运行节点或 SDK 联盟链交互，拥有与其他节点进行通信的节点证书 node. crt 和节点私钥 node. key。联盟链参与方运行节点或 SDK 时，需要加载根证书 ca. crt、相应的节点证书 node. crt 和节点私钥 node. key。与其他成员进行网络通信时，使用预先加载的证书进行身份认证，具体如图 2-1-4 所示。节点或 SDK 获取节点证书 node. crt 的主要步骤如下。

- 本地生成私钥 node. key。
- 由本地私钥生成证书请求文件 node. csr。
- 将证书请求文件 node. csr 发送至联盟链成员机构。
- 联盟链成员机构使用 agency. key 对证书请求文件 node. csr 进行签发，得到节点或 SDK 证书 node. crt。
- 联盟链成员机构将节点证书 node. crt 发送至对应实体。

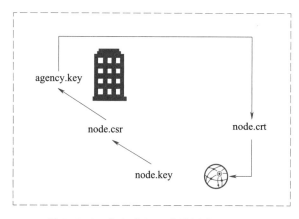

图 2-1-4　节点或 SDK 获取证书 node.crt

3. 企业级部署工具 FISCO BCOS generator

在实际多机构生产部署时，由于各机构需要自己进行私钥管理、证书分发、群组管理信息、服务器资源分配等操作，部署的协商过程往往是比较复杂的。因此 FISCO BCOS 专为企业用户提供了部署、管理和监控多机构多群组联盟链的便捷工具 FISCO BCOS generator，具体如图 2-1-5 所示。

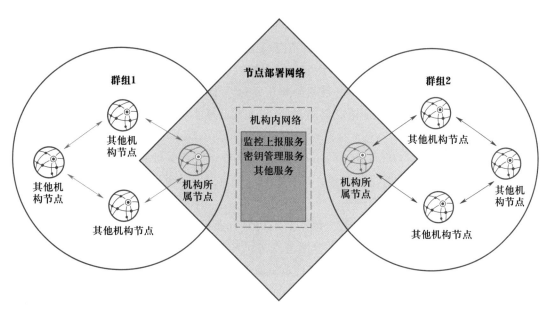

图 2-1-5　generator 功能

generator 运行环境依赖见表 2-1-2。该工具的特点如下。

- 降低了机构间生成与维护区块链的复杂度，提供了多种常用的部署方式。
- 考虑了机构间节点安全性需求，所有机构间仅需要共享节点的证书，同时对应节点的私钥由各机构自己维护,不需要向机构外节点透露。

- 考虑了机构间节点的对等性需求,多机构间可以通过交换数字证书对等安全地部署自己的节点。

表 2-1-2 generator 运行环境依赖

依赖软件	支持版本
Python	3.6+
OpenSSL	1.0.2k+
Curl	默认版本
nc	默认版本

generator 的操作可以分为以下 4 类。

① 生成节点配置文件夹。根据不同需求,generator 可以分为多机构对等部署和单一机构生成两种方式。

- 多机构对等部署:各自机构通过协商端口号、生成节点证书、交换证书、生成群组创世区块、生成节点配置文件夹的顺序,完成节点最终配置文件夹的生成,并启动节点,完成组网。

- 单一机构生成:运行 one_click_generator.sh 脚本,各机构只需要填写节点 IP 地址、端口号,即可由某一机构一次性生成所有节点的配置文件夹。该机构将生成好的配置文件夹发送至对应机构,由该机构启动节点,完成组网。

② 生成群组创世区块文件。多群组架构中,每个节点分属于不同群组。不同机构通过协商证书的形式,可以生成相应群组的创世区块,将其导入节点后,完成新群组的建立。

③ 监控上报操作。FISCO BCOS generator 生成的节点配置文件夹中,提供了内置的监控脚本,用户可以通过对其进行配置,将节点的告警信息发送至指定地址。通过配置监控服务,可以实现以下功能。

- 监控节点是否存活,并且可以重新启动挂掉的节点。
- 获取节点的块高和 view 信息,判断节点共识是否正常。
- 分析最近 1min 的节点日志,收集日志中的关键错误信息,实时判断节点的状态。
- 指定日志文件或者指定时间段,分析节点的共识消息处理、出块、交易数量等信息,判断节点的健康度。

④ 其他操作。为了方便用户使用,FISCO BCOS generator 还提供生成相应证书、快速配置节点连接文件、下载 FISCO BCOS 的二进制文件、配置控制台、握手失败(Handshake Failed)检测等便捷操作。FISCO BCOS generator 的常用命令和功能见表 2-1-3。

表 2-1-3 *generator* 的常用命令和功能

命令	基本功能
create_group_genesis	指定文件夹
build_install_package	在指定文件夹下生成 node_deployment. ini 中配置的节点配置文件夹（需要在 meta 下存放生成节点的证书）
generate_all_certificates	根据 node_deployment. ini 生成相关节点证书和私钥
generate_ * _certificate	生成相应链、机构、节点、SDK 证书及私钥
merge_config	将两个节点配置文件中的 P2P 部分合并
deploy_private_key	将私钥批量导入生成的节点配置文件夹中
add_peers	将节点连接文件批量导入节点配置文件夹中
add_group	将群组创世区块批量导入节点配置文件夹中
version	打印当前版本号
h/help	帮助命令

4. 节点配置

FISCO BCOS 支持多账本，每条链包括多个独立账本，账本间的数据相互隔离，群组间的交易处理相互隔离，每个节点包括一个主配置 config. ini 和多个账本配置 group. group_id. genesis、group. group_id. ini。

● **config. ini**：主配置文件，主要配置 RPC、P2P、SSL 证书、账本配置文件路径、兼容性等信息。

● **group. group_id. genesis**：群组配置文件，群组内所有节点一致，节点启动后，不可手动更改该配置。主要包括群组共识算法、存储类型、最大 gas（指区块链中的一种计算成本或运行成本）限制等配置项。

● **group. group_id. ini**：群组可变配置文件，包括交易池大小等。配置后重启节点生效。

进行群组系统配置时，每个群组都有单独的配置文件，按照启动后是否可更改，可分为群组系统配置和群组可变配置。群组系统配置一般位于节点的 conf 目录下以扩展名为 . genesis 的配置文件中。例如，group1 的系统配置一般命名为 group. 1. genesis，群组系统配置主要包括群组 ID、共识、存储和 gas 相关的配置。进行系统配置时，需注意配置群组内一致和节点启动后不可更改的特性。

● 配置群组内一致：群组系统配置用于产生创世块（第 0 块），因此必须保证群组内所有节点的该配置一致。

- 节点启动后不可更改：系统配置已经作为创世块写入了系统表，链初始化后不可更改。

链初始化后，即使更改了 genesis 配置，新的配置不会生效，系统仍然使用初始化链时的 .genesis 配置文件。由于 .genesis 配置文件中要求群组内所有节点一致，建议使用开发部署工具 build_chain 生成该配置。

任务实施

FISCO BCOS 支持 x86 架构和 ARM 架构的 64 位 CPU。由于节点多群组共享网络带宽、CPU 和内存资源，因此为了保证服务的稳定性，同一台机器上不推荐配置过多节点。

本任务中，实验使用的系统版本是 Ubuntu 18.04。单群组单节点推荐的配置要求见表 2-1-4。节点耗费资源与群组个数呈线性关系，可根据实际的业务需求和机器资源，合理地配置节点数目。

表 2-1-4 配置要求

配　　置	最低配置	推荐配置
CPU 主频/GHz	1.5	2.4
内存容量/GB	1	8
核心数量/核	1	8
带宽/(Mb·s⁻¹)	1	10

1. 网络配置

毕业证查证系统由教育主管部门及 3 个学校代表共同运维。教育主管部门及每个学校代表各作为一个机构（共 4 个机构，同属一个群组），每个机构各部署一个记账节点（共 4 个节点，教育主管部门运维节点 A，3 个学校代表分别运维节点 B、C、D）。

确定毕业证查证系统用于部署 FISCO BCOS 及控制台的机器端口资源，部署单机 4 节点的区块链，请确保机器的 30300~30303、20200~20203、8545~8548 端口没有被占用。其中各机构的控制台及脚本可与本机构的节点同机部署。

实操环境的多机部署可以参考表 2-1-5 进行网络配置，实验环境的单机部署，可以使用连续递增的端口，见表 2-1-6。

表 2-1-5 多机部署网络配置信息

机　　构	节　　点	P2P 地址	RPC 监听地址	Channel 监听地址
教育主管部门	A	192.168.0.1：30300	127.0.0.1：8545	0.0.0.0：20200
学校代表 A	B	192.168.0.2：30300	127.0.0.1：8545	0.0.0.0：20200

续表

机　　构	节　　点	P2P 地址	RPC 监听地址	Channel 监听地址
学校代表 B	C	192.168.0.3：30300	127.0.0.1：8545	0.0.0.0：20200
学校代表 C	D	192.168.0.4：30300	127.0.0.1：8545	0.0.0.0：20200

表 2-1-6　单机部署网络配置信息

机　　构	节　　点	P2P 地址	RPC 监听地址	Channel 监听地址
教育主管部门	A	192.168.0.1：30300	127.0.0.1：8545	0.0.0.0：20200
学校代表 A	B	192.168.0.1：30301	127.0.0.1：8546	0.0.0.0：20201
学校代表 B	C	192.168.0.1：30302	127.0.0.1：8547	0.0.0.0：20202
学校代表 C	D	192.168.0.1：30303	127.0.0.1：8548	0.0.0.0：20203

2. 制作及部署区块链安装包

证书管理要求如下。

• 区块链的根私钥由教育主管部门持有。教育主管部门给各机构（教育主管部门、学校代表）签发机构证书。各机构给自身机构内的节点签发节点证书。

• 每个机构（教育主管部门、学校代表）各自部署控制台，接入机构内节点，查看区块链信息。

• 每个机构（教育主管部门、学校代表）各自部署监控脚本，接入机构内节点，监控区块链状态。

使用 FISCO BCOS generator 制作及部署毕业证查证区块链系统安装包的具体操作步骤和内容如下。

① 教育主管部门及各学校代表在指定机器下载安装 FISCO BCOS generator。在完成安装后，后续所有操作均在指定机器及 generator 目录下进行。FISCO BCOS generator 下载安装命令如图 2-1-6 所示。通过相应命令可以查看 generator 是否安装成功（如图 2-1-7 所示），以及检查二进制版本（如图 2-1-8 所示）。

```
1   # 注释：下载
2   cd ~/ && git clone https://github.com/FISCO BCOS/generator.git
3   # 注释：若因为网络问题导致长时间无法下载，请尝试以下命令：
4   # git clone https://gitee.com/FISCO BCOS/generator.git
5   # 注释：安装，此操作要求用户具有 sudo 权限
6   cd ~/generator && bash ./scripts/install.sh
7   # 注释：检查是否安装成功，若成功，输出 usage: generator xxx
8   ./generator -h
9   # 拉取最新 FISCO BCOS 二进制文件到 meta 中
10  ./generator --download_fisco ./meta
11  # 检查二进制版本，若成功，输出 FISCO BCOS Version : x.x.x-x
12  ./meta/FISCO BCOS -v
```

图 2-1-6　generator 下载安装过程

```
ubuntu@ubuntu-VirtualBox:~/generator$ ./generator -h
usage: generator [-h] [-v] [-b peers data] [--build_package_only data peers]
                 [-c data_dir] [--create_group_genesis_with_nodeid data_dir]
                 [--generate_chain_certificate chain_dir]
                 [--generate_agency_certificate agency_dir chain_dir agency_name
]
                 [--generate_node_certificate node_dir agency_dir node_name]
                 [--generate_sdk_certificate sdk_dir agency_dir] [-g] [-G]
                 [--cdn] [--generate_all_certificates cert_dir]
                 [-d cert_dir pkg_dir] [-m config.ini config.ini]
                 [-p peers config.ini] [-a group genesis config.ini]
                 [--download_fisco data_dir] [--download_console data_dir]
                 [--get_sdk_file data_dir] [--console_version CONSOLE_VERSION]
```

图 2-1-7   查看 generator 是否安装成功

```
ubuntu@ubuntu-VirtualBox:~/generator$ ./meta/fisco-bcos -v
FISCO-BCOS Version : 2.7.2
Build Time         : 20210201 10:03:03
Build Type         : Linux/clang/Release
Git Branch         : HEAD
Git Commit Hash    : 4c8a5bbe44c19db8a002017ff9dbb16d3d28e9da
```

图 2-1-8   检查二进制版本

② 教育主管部门及各学校代表完成 generator 的下载及安装后，如图 2-1-9 所示，通过 cp 命令将 generator 复制到各机构（节点 A、B、C、D）指定的 generator 目录中。

```
ubuntu@ubuntu-VirtualBox:~$ cp -r ~/generator ~/generator-A
ubuntu@ubuntu-VirtualBox:~$ cp -r ~/generator ~/generator-B
ubuntu@ubuntu-VirtualBox:~$ cp -r ~/generator ~/generator-C
ubuntu@ubuntu-VirtualBox:~$ cp -r ~/generator ~/generator-D
```

图 2-1-9   将 generator 复制到各机构（节点 A、B、C、D）指定的目录

③ 教育主管部门颁发机构证书。

FISCO BCOS 节点运行时，扩展名为 .key 的是私钥文件，扩展名为 .crt 的是证书文件，扩展名为 .csr 的是证书请求文件。

• 教育主管部门生成链证书。由教育主管部门通过如图 2-1-10 所示的命令生成链证书。证书生成后，通过如图 2-1-11 和图 2-1-12 所示的命令，在 dir_chain_ca 目录中生成的链证书 ca.crt 和链私钥 ca.key。对应的私钥文件内部为随机生成的链私钥，如图 2-1-13 所示。

```
ubuntu@ubuntu-VirtualBox:~/generator$ ./generator --generate_chain_certificate .
/dir_chain_ca
INFO | Chain cert begin.
INFO | Generate root cert success, dir is /home/ubuntu/generator/dir_chain_ca
INFO | Chain cert end.
```

图 2-1-10   生成链证书

```
ubuntu@ubuntu-VirtualBox:~/generator$ ls ./dir_chain_ca
ca.crt  ca.key
```

图 2-1-11   命令行查看链证书和链私钥

图 2-1-12　图形界面查看链证书和链私钥

```
|-----BEGIN PRIVATE KEY-----
MIGEAgEAMBAGByqGSM49AgEGBSuBBAAKBG0wawIBAQQguVuQ4WRBcbTpSVti9veY
1TuDjNixbXn51ryOqTKQvWKhRANCAARFTovG/1VNQzvW6UPvetyfeAZp9ZF4LaJe
mzgjqxUEw2E/W+S9F/DQ5dIybVoxQOlA+jGhcT+DjEOGXMo0rGXG
-----END PRIVATE KEY-----
```

图 2-1-13　链私钥

● 学校代表配合教育主管部门生成机构证书。节点 A 使用链证书生成机构证书过程和效果分别如图 2-1-14 和图 2-1-15 所示。生成的机构证书 agency.crt 和机构私钥 agency.key 和链证书 ca.crt 位于 dir_agency_ca/agencyA 目录。最终节点 A 的证书、机构私钥和链证书示例如图 2-1-16~图 2-1-18 所示。

```
1
2   #将 ~/generator/dir_chain_ca 目录复制到~/generator-A下
3   cp  -r generator/dir_chain_ca generator-A/
4   # 机构A使用链证书生成机构证书
5   cd ~/generator-A
6   ./generator --generate_agency_certificate ./dir_agency_ca ./dir_chain_ca agencyA
7
```

图 2-1-14　节点 A 使用链证书生成机构证书过程

```
ubuntu@ubuntu-VirtualBox:~/generator-A$ ./generator --generate_agency_certificat
e ./dir_agency_ca ./dir_chain_ca agencyA
INFO | Agency cert begin.
INFO | Agency cert end.
```

图 2-1-15　节点 A 使用链证书生成机构证书结果

图 2-1-16　节点 A 的证书、机构私钥和链证书

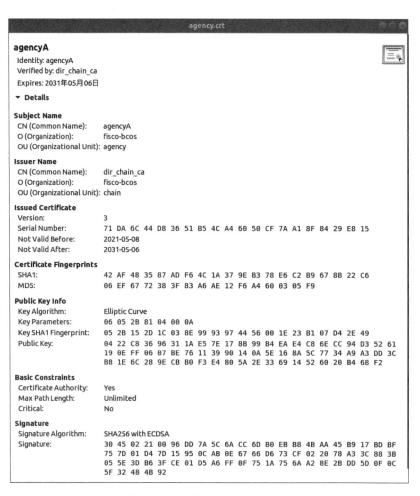

图 2-1-17 节点 A 的 agency.key

图 2-1-18 节点证书 agency.crt

节点 B、C、D 的机构证书生成过程与节点 A 生成过程相同，具体如图 2-1-19 所示。

● 教育主管部门生成机构证书并发送给对应学校代表。机构证书由各个机构生成，也可以由教育主管部门生成后再发送给对应学校。如果不使用 generaor，也可以按照以下方式来生成。

以教育主管部门生成节点 B 的机构证书为例进行说明，生成机构证书 agencyB.crt 的操作步骤如下，其他学校代表对应的机构证书生成类似操作。

```
1
2    # 机构B、C、D的机构证书生成过程
3    cp  -r generator/dir_chain_ca generator-B/
4    cd ~/generator-B
5    ./generator --generate_agency_certificate ./dir_agency_ca ./dir_chain_ca agencyB
6
7    cp  -r generator/dir_chain_ca generator-C/
8    cd ~/generator-C
9    ./generator --generate_agency_certificate ./dir_agency_ca ./dir_chain_ca agencyC
10
11   cp  -r generator/dir_chain_ca generator-D/
12   cd ~/generator-D
13   ./generator --generate_agency_certificate ./dir_agency_ca ./dir_chain_ca agencyD
14
```

图 2-1-19　节点 B、C、D 的机构证书生成过程

学校代表节点 B 的生成机构证书的操作过程和结果如图 2-1-20～图 2-1-22 所示。

```
1    #切换到机构B的目录下
2    cd ~/generator-B
3    # 生成曲线参数 secp256k1.param
4    openssl ecparam -out secp256k1.param -name secp256k1
5    # 生成机构私钥 agencyB.key
6    openssl genpkey -paramfile secp256k1.param -out agencyB.key
7    # 生成机构证书请求 agencyB.csr
8    openssl req -new -sha256 -subj "/CN=agencyA/O=FISCO BCOS/OU=agencyB" -key agencyB.key -out agencyB.csr
9    # 教育主管部门收到证书请求后，签发证书 agencyB.crt
10   cd ~/generator
11   openssl x509 -req -days 3650 -in agencyB.csr -signkey ca.key -out agencyB.crt
12
```

图 2-1-20　节点 B 生成曲线参数、机构私钥和机构请求关键步骤

```
                    ubuntu@ubuntu-VirtualBox: ~/generator-B
File Edit View Search Terminal Help
ubuntu@ubuntu-VirtualBox:~/generator-B$ openssl ecparam -out secp256k1.param -na
me secp256k1
ubuntu@ubuntu-VirtualBox:~/generator-B$ openssl genpkey -paramfile secp256k1.par
am -out agencyB.key
ubuntu@ubuntu-VirtualBox:~/generator-B$ openssl req -new -sha256 -subj "/CN=agen
cyB/O=fisco-bcos/OU=agencyB" -key agencyB.key -out agencyB.csr
ubuntu@ubuntu-VirtualBox:~/generator-B$
```

图 2-1-21　节点 B 生成曲线参数、机构私钥和机构请求

```
                    ubuntu@ubuntu-VirtualBox: ~/generator
File Edit View Search Terminal Help
ubuntu@ubuntu-VirtualBox:~/generator$ openssl x509 -req -days 3650 -in agencyB.c
sr -signkey ca.key -out agencyB.crt
Signature ok
subject=CN = agencyB, O = fisco-bcos, OU = agencyB
Getting Private key
ubuntu@ubuntu-VirtualBox:~/generator$
```

图 2-1-22　教育主管部门生成节点 B 的机构证书 agencyB.crt

教育主管部门保留节点 A 的 agency. crt，从其他学校代表获取证书请求 agencyB. csr、agencyC. csr、agencyD. csr，生成的其他 agencyB. crt、agencyC. crt 和 agencyD. crt。

其中链证书 ca. crt、机构证书 agencyA. crt、机构私钥 agencyA. key 要发送至节点 A 的/generatorA/meta/文件夹，如图 2-1-23。机构 B、C、D 操作类似。

图 2-1-23　/generatorA/meta/文件夹

④ 教育主管部门及各学校代表独立操作。

• 教育主管部门及各学校代表修改配置文件 node_deployment. ini。以教育主管部门为例，说明各机构对配置文件 node_deployment. ini 的操作步骤。其中 node0 表示教育主管部门运维的一个节点。对于学校代表的 node_deployment. ini，不同之处在于［node0］. p2p_ip 字段，使用表 2-1-6 设定的网络配置（单机部署），具体如图 2-1-24 所示。

```
1   cd ~/generator-A
2   cat > ./conf/node_deployment.ini << EOF
3   [group]
4   group_id=1
5   [node0]
6   p2p_ip=192.168.0.1
7   rpc_ip=127.0.0.1
8   channel_ip=0.0.0.0
9   p2p_listen_port=30300
10  channel_listen_port=20200
11  jsonrpc_listen_port=8545
12  EOF
```

图 2-1-24　node_deployment. ini 配置操作

• 生成节点证书及节点 P2P 端口地址文件。这里也以教育主管部门为例说明操作步骤，其他机构操作类似，具体如图 2-1-25 所示。生成的 cert 和 peers 文件存放在 agencyA_node_info 文件中，如图 2-1-26 所示。

```
1   #将链证书ca.crt、机构证书agency.crt、机构私钥agency.key要发送至机构A的/generatorA/meta/文件夹
2   cd ~/generator-A
3   cp -r dir_agency_ca/agencyA/* meta/
4   ./generator --generate_all_certificates ./agencyA_node_info
5   # 查看生成文件
6   ls ./agencyA_node_info
7
```

图 2-1-25　生成节点证书及节点 P2P 端口地址文件

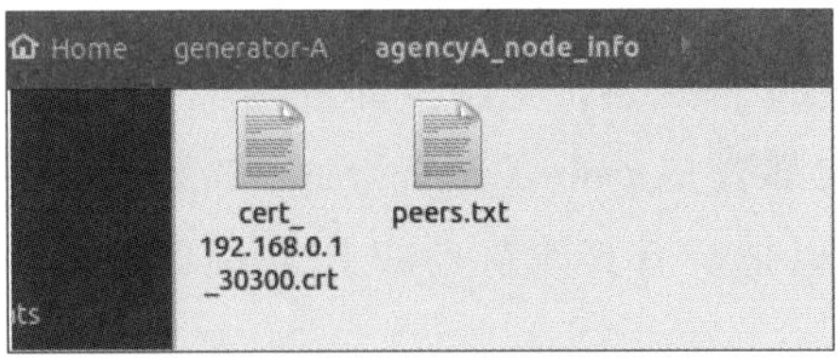

图 2-1-26　查看生成文件

meta 文件夹中生成的内容如图 2-1-27 所示，其中节点文件夹中包含节点相关私钥、证书等内容，如图 2-1-28 所示。

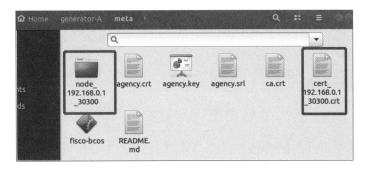

图 2-1-27　meta 文件夹

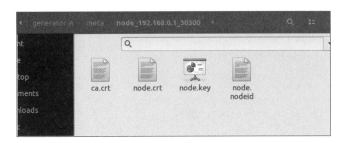

图 2-1-28　节点文件夹

节点 B、C、D 生成节点证书方式与节点 A 相同，具体如图 2-1-29 所示。

```
1   机构B、C、D生成节点证书：
2   cd ~/generator-B
3   cp -r dir_agency_ca/agencyB/* meta/
4   ./generator --generate_all_certificates ./agencyB_node_info
5
6   cd ~/generator-C
7   cp -r dir_agency_ca/agencyC/* meta/
8   ./generator --generate_all_certificates ./agencyC_node_info
9   cd ~/generator-D
10  cp -r dir_agency_ca/agencyD/* meta/
11  ./generator --generate_all_certificates ./agencyD_node_info
12
```

图 2-1-29　节点 B、C、D 生成节点证书

机构生成节点时需要指定其他节点的节点 P2P 链接地址。因此，教育主管部门及各学校代表之间需交换上述生成的 peers. txt 文件。即机构 A 需将节点 P2P 链接地址文件发给其他机构，同样，其他机构都要把 peersX（X 为 A、B、C、D）. txt 发送至除自己以外的机构/meta 文件夹下。也可以把所有其他节点的 P2P 端口地址放到文件 peersOther. txt（文件名可以自定义）中。

⑤ 教育主管部门为群组生成创世块。

• 教育主管部门收集其他学校代表所有节点的节点证书。其他学校代表的节点证书发送给教育主管部门，教育主管部门将机构证书放置于目录~/generator-A/meta 下，如图 2-1-30 所示。

```
1   cd ~/generator-A
2   cp ~/generator-B/agencyB_node_info/cert_192.168.0.1_30301.crt meta/
3   cp ~/generator-C/agencyC_node_info/cert_192.168.0.1_30302.crt meta/
4   cp ~/generator-D/agencyD_node_info/cert_192.168.0.1_30303.crt meta/
5
```

图 2-1-30　教育主管部门将各机构证书放置于对应目录下

• 修改配置文件 group_genesis. ini。教育主管部门修改 conf 目录下的文件 group_genesis. ini，具体如图 2-1-31 所示。

```
1   # 教育主管部门修改 conf 目录下的文件 group_genesis.ini
2   cd ~/generator-A
3   cat > ./conf/group_genesis.ini << EOF
4 ▼ [group]
5   group_id=1
6 ▼ [nodes]
7   node0=192.168.0.1:30300
8   node1=192.168.0.1:30301
9   node2=192.168.0.1:30302
10  node3=192.168.0.1:30303
11  EOF
12
```

图 2-1-31　group_genesis. ini 修改配置过程

• 为群组生成创世块文件。教育主管部门利用 cd 命令进入 generator-A 文件后，按照图 2-1-32 所示的指令，生成创世块文件。

```
ubuntu@ubuntu-VirtualBox:~/generator-A$ ./generator --create_group_genesis ./group
up
INFO | Build operation begin.
INFO | generate ./group/group.1.genesis, successful
INFO | Build operation end.
```

图 2-1-32　教育主管部门生成创世块文件

• 分发创世块文件给学校代表。教育主管部门将~/generator-A/group/group. 1. genesis 给到其他学校代表，学校代表将该文件放置于~/generator-X/meta 目录下（X 为 B、C、D），如图 2-1-33 所示。

```
1
2    cp  ~/generator-A/meta/group.1.genesis ~/generator-B/meta/
3    cp  ~/generator-A/meta/group.1.genesis ~/generator-C/meta/
4    cp  ~/generator-A/meta/group.1.genesis ~/generator-D/meta/
5
```

图 2-1-33　分发创世块文件给各学校代表

⑥ 教育主管部门及各学校代表独立操作。

• 教育主管部门及各学校代表收集群组其他节点的 P2P 端口地址文件，如图 2-1-34 所示，可以把所有其他节点的 P2P 端口地址放到 peersOther. txt 文件中。

```
Open ▼    🗂         peersOther.txt        Save    ☰   ⊖ ⊕ ⊗
                    ~/generator-A/meta
192.168.0.1:30301
192.168.0.1:30302
192.168.0.1:30303
```

图 2-1-34　P2P 端口地址存放文件 peersOther. txt

• 生成节点。这里以教育主管部门为例说明如何生成节点配置文件夹，其他机构操作类似。教育主管部门利用 cd 指令进入 generator-A 文件夹后，依据指令生成节点配置文件夹，如图 2-1-35 所示。

```
ubuntu@ubuntu-VirtualBox:~/generator-A$ ./generator --build_install_package ./me
ta/peersOther.txt ./nodeA
INFO |  Build operation begin.
INFO |  Checking fisco-bcos binary...
INFO |  Binary check passed.
INFO |  Generate ./nodeA/node_192.168.0.1_30300
INFO |  Build operation end.
```

图 2-1-35　生成节点配置文件夹

生成的 nodeA 文件夹中包含 monitor、scripts、node 3 个文件夹及 start_all. sh 和 stop_all. sh 两个脚本文件，如图 2-1-36 所示。

图 2-1-36　nodeA 文件夹

• 启动节点。教育主管部门通过执行 ./nodeA/start_all. sh 文件，启动自身运维的节点，如图 2-1-37 所示。

图 2-1-37 教育主管部门启动自身运维的节点

如图 2-1-38 所示，有可能出现端口占用的情况，则需要查出端口占用的进程 pid，并关闭相应进程，再重新启动。重启后可查看节点进程，如图 2-1-39 所示。

图 2-1-38 端口占用的情况处理

图 2-1-39 查看节点进程

B、C、D 学校机构操作类似。如果执行过程中遇到冲突，可尝试停掉其他节点后再启动即可。

任务拓展

1. 扩容新节点

FISCO BCOS 中引入了共识节点、观察者节点和游离节点的概念，这 3 种节点类型可通过控制台相互转换。其中，共识节点为参与共识的节点，拥有群组的所有数据；观察者节点不同于共识节点，不参与共识，但能实时同步链上的数据；游离节点作为已启动但等待加入群组的节点，处在一种暂时的节点状态，不能获取链上的数据。

当已经搭建了一条具有 4 个节点的联盟链，需要在群组中扩容一个新节点时，要经历节点生成证书并启动和将节点加入群组两个阶段。

① 节点生成证书并启动阶段。每个节点都需要一套证书来与链上的其他节点建立连接，扩容一个新节点，需要为其签发证书。通过运行证书生成脚本 gen_node_cert.sh 生成新节点私钥证书后，在 node4/config.ini 中增加自身节点信息，执行 node4/start.sh 启动节点。

② 将节点加入群组阶段。在该阶段需要获取 node4 的 nodeid，nodeid 是节点公钥的十六进制表示，如图 2-1-40 所示。使用控制台命令 addObserver 将 node4 作为观察节点加入

群组，即可完成新节点的扩容。

```
1    94ae60f93ef9a25a93666e0149b7b4cb0e044a61b7dcd1b00096f2bdb17d1c6853fc81a24e037c9d07803fcaf7
     8f768de2ba56a4f729ef91baeadaa55a8ccd6e
```

图 2-1-40　节点 nodeid 示例

2. 多群组部署

星状拓扑和并行多组组网拓扑是区块链应用中使用较广泛的两种组网方式。星状拓扑是中心机构节点同时属于多个群组，运行多家机构应用，其他每家机构属于不同群组，运行各自应用。并行多组是区块链中每个节点均属于多个群组，可用于多方不同业务的横向扩展，或者同一业务的纵向扩展。具体如图 2-1-41 所示。

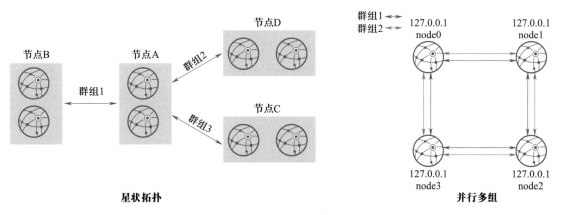

图 2-1-41　星状拓扑和并行多组

任务 2-2　区块链系统维护

微课 5：
区块链系统
维护

任务描述

本任务对基于 FISCO BCOS 的毕业证查证系统进行维护，包括编写部署文档和监控区块链系统的运行情况。

问题引导

1. 运行中的区块链系统可能会出现哪些问题？
2. 如何查看系统运行情况，判断问题出现的原因？
3. 能否记录区块链运行过程中的情况和问题？
4. 如何查看日志？

知识准备

1. 运维监控

区块链系统在构建和运行逻辑上都具有较高的一致性。不同节点的软硬件系统基本一致。其标准化特性给运维带来了便利，可使用通用的运维工具、运维策略和运维流程等对区块链系统进行构建、部署、配置、故障处理，从而降低运维成本且提升效率。

运维人员对联盟链的操作会被权限系统控制，运维人员有修改系统配置、启停进程、查看运行日志、排查故障等权限，但不参与业务交易，也不能直接查看具有较高安全隐私等级的用户数据、交易数据。

在系统运行过程中，可通过监控系统对各种运行指标进行监控，对系统的健康程度进行评估，当出现故障时发出告警通知，便于运维快速反应，进行处理。监控的维度包括基础环境监控，如 CPU 占用率、系统内存占用率和增长、磁盘 I/O 情况、网络连接数和流量等。

区块链系统监控包括区块高度、交易量、虚拟机计算量、共识节点出块投票情况等。接口监控包括接口调用计数、接口调用耗时情况、接口调用成功率等。监控数据可以通过日志或网络接口进行输出，便于和机构现有的监控系统进行对接，复用机构的监控能力和已有运维流程。运维人员收到告警后，采用联盟链提供的运维工具，查看系统信息、修改配置、启停进程、处理故障等。

FISCO BCOS generator 生成的节点配置文件夹中提供了内置的监控脚本，用户可以通过对其进行配置，将节点的告警信息发送至指定地址。FISCO BCOS generator 会将 monitor 脚本放置于生成节点配置文件的指定目录下。假设用户指定生成的文件夹名为 data，则 monitor 脚本会放在 data 目录下的 monitor 文件夹中。该脚本用于监控节点是否存活，并且可以重新启动挂掉的节点以获取节点的块高和 view 信息，判断节点共识是否正常等操作。

2. 查看日志

FISCO BCOS 的所有群组日志都输出到 log 目录下的 log_%YYYY%mm%dd%HH.%MM 文件中，且规范了日志格式，方便用户通过日志查看各群组状态，该日志文件每小时切分一次。

（1）通用日志格式

为了区分各群组日志，使得日志输出更易于查找，FISCO BCOS 2.0 设计了通用日志格式。每条日志记录的格式如图 2-2-1 所示。

```
1  # 日志格式:
2  log_level|time|[g:group_id][module_name] content
3
4  # 日志示例:
5  info|2019-06-26 16:37:08.253147|[g:3][CONSENSUS][PBFT]^^^^^^^^Report,num=0,sealerId
   x=0,hash=a4e10062...,next=1,tx=0,nodeIdx=2
6
```

图 2-2-1　日志格式和示例

日志中各字段的含义如下。

● **log_level**：日志级别，目前主要包括 trace、debug、info、warning、error 和 fatal，其中在发生极其严重错误时会输出 fatal。

● **time**：日志输出时间，精确到纳秒（ns）。

● **group_id**：输出日志记录的群组 ID。

● **module_name**：模块关键字，如同步模块关键字为 SYNC，共识模块关键字为 CONSENSUS。

● **content**：日志记录内容。

（2）常见日志说明

① 共识打包日志。打包日志可检查指定群组的共识节点是否异常，异常的共识节点不会输出打包日志，仅共识节点会周期性输出共识打包日志。共识打包日志示例如图 2-2-2 所示。

```
1  #共识打包日志示例
2 ▼ info|2019-06-26 18:00:02.551399|[g:2][CONSENSUS][SEALER]+++++++++++++++++ Generatin
     g seal on,blkNum=1,tx=0,nodeIdx=3,hash=1f9c2b14...
```

图 2-2-2   共识打包日志示例

② 共识异常日志。网络抖动、网络断联或配置出错（如同一个群组的创世块文件不一致）均有可能导致节点共识异常，PBFT 共识节点会输出 ViewChangeWarning 日志，示例如图 2-2-3 所示。

```
1  #共识异常日志示例
2 ▼ warning|2019-06-26 18:00:06.154102|[g:1][CONSENSUS][PBFT]ViewChangeWarning: not cau
     sed by omit empty block ,v=5,toV=6,curNum=715,hash=ed6e856d...,nodeIdx=3,myNode=e39
     000ea...
```

图 2-2-3   共识异常日志示例

③ 区块落盘日志。区块共识成功或节点正在从其他节点同步区块，均会输出落盘日志。在向节点发交易时，若交易被处理，非游离节点均会输出落盘日志；若没有输出该日志，说明节点已处于异常状态，请优先检查网络连接是否正常、节点证书是否有效。区块落盘日志如图 2-2-4 所示。

```
1  #区块落盘日志示例
2 ▼ info|2019-06-26 18:00:07.802027|[g:1][CONSENSUS][PBFT]^^^^^^^^^Report,num=716,sealer
     Idx=2,hash=dfd75e06...,next=717,tx=8,nodeIdx=3
```

图 2-2-4   区块落盘日志示例

④ 网络连接日志。若日志输出的网络连接数目不符合预期，请检查节点链接。网络连接日志例如图 2-2-5 所示，其中 connected count 表示与当前节点建立 P2P 网络连接的节点数。

```
1  #网络连接日志示例
2 ▼ info|2019-06-26 18:00:01.343480|[P2P][Service] heartBeat,connected count=3
```

图 2-2-5   网络连接日志示例

（3）日志规范

规范的日志对于快速定位问题至关重要。FISCO BCOS 2.0 引入了多群组概念，且多个群组日志输出到相同日志文件，因此规范日志打印就尤其重要。

为了方便区块链开发者快速定位问题，FISCO BCOS 从日志级别、日志关键字等方面全面规范了日志。

1）日志级别

日志分级对于及时定位问题至关重要，FISCO BCOS 2.0 对标生产环境，将日志级别从低到高划分为 trace、debug、info、warning、error 和 fatal。

- trace 和 debug 日志主要用于代码调试。
- info 日志输出系统关键流程，主要用于生产环境定位问题。
- warning 日志输出告警信息，当告警日志记录超过一定数目时，运维人员应当介入。
- error 日志输出核心错误信息，系统出现 error 日志时，运维人员应当介入。
- fatal 日志一般用于程序开发调试过程中，尽快定位程序错误（bug）。当系统触及不可能的逻辑时，可以通过打印日志的形式终止程序，从而在开发阶段暴露逻辑错误。

2）模块日志关键字

为了准确区分多个模块日志、方便定位程序错误和解析日志，FISCO BCOS 2.0 为每个模块都定制了日志关键字，且设计了宏，方便开发者在写日志输出代码的同时，保证日志输出格式一致，提升代码的可读性。主要的日志宏如下。

- LOG_BADGE：输出模块信息，模块信息外围用中括号 ［ ］ 括起来，从而与其他日志输出信息区分。
- LOG_DESC：输出日志描述信息。
- LOG_KV：主要用于输出关键变量及其对应的值。

任务实施

1. 编写部署文档

了解系统的部署架构，然后制订相关部署方案。其中部署方案包括软硬件申请（数据库、机器等）、子系统信息管理、网络策略、准入策略、权限策略等。根据毕业证查证系统完成部署文档的撰写。

2. 监控运行情况

本任务实施主要使用脚本进行区块链监控。使用运维工具 WeBASE 也可以进行监控，该部分内容将在下一章介绍。

（1）定义监控策略

- 如通过"监控脚本使用"中描述的脚本向区块链节点发起请求没有返回，表明该节点宕机。
- 如通过 getPeers 命令查询的内容缺少部分节点信息，表明特定节点间无法互连。
- 如通过 getBlockNumber 和 getPbftView 命令查询，发现块高和视图值均无增加，表示链共识异常。

（2）监控脚本使用

使用 help 命令查看 monitor.sh 脚本使用方式，如图 2-2-6 所示。

```
1    $ ./monitor.sh -h
2    Usage: bash monitor.sh
3    -s : send alert to your address
4    -m : monitor, statistics.default: monitor .
5    -f : log file to be analyzed.
6    -o : dirpath
7    -p : name of the monitored program ,defaultis FISCO BCOS
8    -g : specified the group list to be analized
9    -d : log analyze time range.default:10(min), it should not bigger than max value :
     60(min).
10   -r : setting alert receiver
11   -h : help.
12    example :
13      bash  monitor.sh -s YourHttpAddr-o nodes -r your_name
14      bash  monitor.sh -s YourHttpAddr-m statistics -o nodes -r your_name
15      bash  monitor.sh -s YourHttpAddr-m statistics -f node0/log/log_2019021314.log -
     g 12-r your_name
16
```

图 2-2-6　查看 monitor. sh 脚本使用方式

命令解释如下所示。

- -s：指定告警配置地址，可以配置为告警上报服务的 IP 地址。

- -m：设定监控模式，可以配置为 statistics 和 monitor 两种模式，默认为 monitor 模式。

- -f：分析节点日志。

- -o：指定节点路径。

- -p：设定监控上报名称，默认为 FISCO BCOS。

- -g：指定监控群组，默认分析所有群组。

- -d：日志分析时间范围，默认 10min 内的日志，最长不超过 60min。

- -r：指定上报接收者名称。

- -h：帮助命令。

（3）使用脚本进行区块链监控

运维过程中涉及使用脚本查询区块链的信息，所使用的命令和示例如下。

① 查询群组列表：getGroupList，如图 2-2-7 所示。

```
1    # 查询
2    curl -X POST --data '{"jsonrpc":"2.0","method":"getGroupList","params":[],"id":
     1}' http://127.0.0.1:8545 |jq
3    # 查询结果
4    {
5        "id": 1,
6        "jsonrpc": "2.0",
7        "result": [1]
8    }
9
```

图 2-2-7　查询群组列表

② 查询节点的互连信息：getPeers，如图 2-2-8 所示。

```
1   # 查询
2 ▾ curl -X POST --data '{"jsonrpc":"2.0","method":"getPeers","params":[1],"id":1}' http://127.0.0.1:8
    545 |jq
3   # 查询结果
4 ▾ {
5       "id": 1,
6       "jsonrpc": "2.0",
7 ▾     "result": [
8 ▾         {
9               "IPAndPort": "127.0.0.1:30308",
10              "nodeId": "0701cc9f05716690437b78db5b7c9c97c4f8f6dd05794ba4648b42b9267ae07cfcd589447ac
    36c491e7604242149601d67c415504a838524939ef2230d36ffb8",
11 ▾            "Topic": [ ]
12          },
13 ▾        {
14              "IPAndPort": "127.0.0.1:58348",
15              "nodeId": "353ab5990997956f21b75ff5d2f11ab2c6971391c73585963e96fe2769891c4bc5d8b7c3d0d
    04f50ad6e04c4445c09e09c38139b1c0a5937a5778998732e34da",
16 ▾            "Topic": [ ]
17          },
18 ▾        {
19              "IPAndPort": "127.0.0.1:30300",
20              "nodeId": "73aebaea2baa9640df416d0e879d6e0a6859a221dad7c2d34d345d5dc1fe9c4cda0ab79a7a3
    f921dfc9bdea4a49bb37bdb0910c338dadab2d8b8e001186d33bd",
21 ▾            "Topic": [ ]
22          }
23      ]
24  }
25
```

图 2-2-8　查询节点的互连信息

③ 查询块高：getBlockNumber，如图 2-2-9 所示。

```
1   # 查询
2 ▾ curl -X POST --data '{"jsonrpc":"2.0","method":"getBlockNumber","params":[1],"id":
    1}' http://127.0.0.1:8545 |jq
3   # 查询结果
4 ▾ {
5       "id": 1,
6       "jsonrpc": "2.0",
7       "result": "0x1"
8   }
9
```

图 2-2-9　查询块高

④ 查询 pbft 视图：getPbftView，如图 2-2-10 所示。

```
1   # 查询
2 ▾ curl -X POST --data '{"jsonrpc":"2.0","method":"getPbftView","params":[1],"id":
    1}' http://127.0.0.1:8545 |jq
3   # 查询结果
4 ▾ {
5       "id": 1,
6       "jsonrpc": "2.0",
7       "result": "0x1a0"
8   }
9
```

图 2-2-10　查询 pbft 视图

⑤ 查询群组节点列表：gctNodeIDList，如图 2-2-11 所示。

```
1    # 查询
2  ▾ curl -X POST --data '{"jsonrpc":"2.0","method":"getNodeIDList","params":[1],"id":
     1}' http://127.0.0.1:8545 |jq
3    # 查询结果
4  ▾ {
5        "id": 1,
6        "jsonrpc": "2.0",
7  ▾     "result": [ "0c0bbd25152d40969d3d3cee3431fa28287e07cff2330df3258782d3008b876d1
           46ddab97eab42796495bfbb281591febc2a0069dcc7dfe88c8831801c5b5801",
8          "037c255c06161711b6234b8c0960a6979ef039374ccc8b723afea2107cba3432dbbc837a714b7da20
           111f74d5a24e91925c773a72158fa066f586055379a1772",
9          "622af37b2bd29c60ae8f15d467b67c0a7fe5eb3e5c63fdc27a0ee8066707a25afa3aa0eb5a3b802d3
           a8e5e26de9d5af33806664554241a3de9385d3b448bcd73",
10         "10b3a2d4b775ec7f3c2c9e8dc97fa52beb8caab9c34d026db9b95a72ac1d1c1ad551c67c2b7fdc341
           77857eada75836e69016d1f356c676a6e8b15c45fc9bc34"
11          ]
12     }
13
```

图 2-2-11　查询群组节点列表

⑥ 查询共识节点列表：getSealerList，如图 2-2-12 所示。

```
1    # 查询
2  ▾ curl -X POST --data '{"jsonrpc":"2.0","method":"getSealerList","params":[1],"id":
     1}' http://127.0.0.1:8545 |jq
3    # 查询结果
4  ▾ {
5        "id": 1,
6        "jsonrpc": "2.0",
7  ▾     "result": [ "0c0bbd25152d40969d3d3cee3431fa28287e07cff2330df3258782d3008b876d1
           46ddab97eab42796495bfbb281591febc2a0069dcc7dfe88c8831801c5b5801",
8          "037c255c06161711b6234b8c0960a6979ef039374ccc8b723afea2107cba3432dbbc837a714b7da20
           111f74d5a24e91925c773a72158fa066f586055379a1772",
9          "622af37b2bd29c60ae8f15d467b67c0a7fe5eb3e5c63fdc27a0ee8066707a25afa3aa0eb5a3b802d3
           a8e5e26de9d5af33806664554241a3de9385d3b448bcd73"
10          ]
11     }
12
```

图 2-2-12　查询共识节点列表

⑦ 查询观察节点列表：getObserverList，如图 2-2-13 所示。

```
1    # 查询
2  ▾ curl -X POST --data '{"jsonrpc":"2.0","method":"getObserverList","params":[1],"i
     d":1}' http://127.0.0.1:8545 |jq
3    # 查询结果
4  ▾ {
5        "id": 1,
6        "jsonrpc": "2.0",
7  ▾     "result": [
8          "10b3a2d4b775ec7f3c2c9e8dc97fa52beb8caab9c34d026db9b95a72ac1d1c1ad551c67c2b7fdc341
           77857eada75836e69016d1f356c676a6e8b15c45fc9bc34"
9          ]
10     }
11
```

图 2-2-13　查询观察节点列表

任务拓展

1. 监控警告服务

用户使用前，首先需要配置告警信息服务。绑定自己的 Github 和微信账号后，可以使用本脚本向微信发送告警信息，使用-s 命令可以向指定微信发送告警信息。如果用户希望使用其他服务，可以修改 monitor. sh 中的 alarm（）{# change http server} 函数，个性化配置为自己需要的服务。

2. 系统部署架构图

在编写部署文档时，明确项目的部署环境并绘制部署架构图。例如，毕业证查证项目系统运行在腾讯云的虚拟主机上，主机配置 4 核 CPU、8GB 内存、1TB 数据盘、5MB/s 外网带宽。该系统部署架构如图 2-2-14 所示。

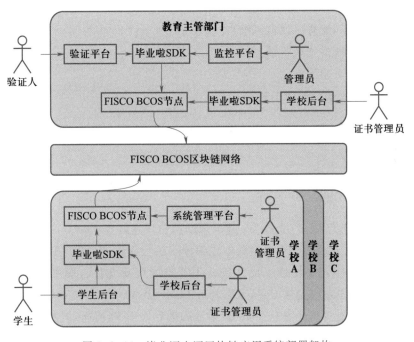

图 2-2-14　毕业证查证区块链应用系统部署架构

任务 2-3 区块链系统管理工具使用

微课 6:
管理工具的
使用

任务描述

本任务以基于 FISCO BCOS 的毕业证查证系统为例,熟悉 FISCO BCOS 管理工具的使用,具体如下。

- 开发部署工具 build_chain. sh。
- 命令行交互控制台。
- WeBASE 管理平台。

问题引导

1. 如何快速部署和配置区块链系统?
2. 如何查看区块链系统运行情况?
3. 如何监控区块链系统?
4. FISCO BCOS 有哪些管理工具?

知识准备

1. 开发部署工具 build_chain. sh

FISCO BCOS 提供了 build_chain. sh 脚本帮助用户快速搭建 FISCO BCOS 联盟链。该脚本默认从 GitHub 下载 master 分支最新版本预编译可执行程序进行相关环境的搭建。

build_chain. sh 脚本用于快速生成一条链中节点的配置文件,脚本依赖于 Open SSL,读者可根据自己的操作系统安装 Open SSL 1.0.2 以上版本。

快速体验可以使用-l 选项指定节点 IP 地址和数目。-f 选项通过使用一个指定格式的配置文件,支持创建各种复杂业务场景 FISCO BCOS 链。-l 和-f 这两个选项必须指定一个且不可共存。

建议测试时使用-T,-T 开启日志级别到 DEBUG。

为便于开发和体验,P2P 模块默认监听 IP 地址是 0. 0. 0. 0。出于安全问题考虑,请根据实际业务网络情况,修改为安全的监听地址,如内网 IP 地址或特定的外网 IP 地址。

(1) build_chain. sh 使用方法

- -l<IP list>:用于指定要生成的链的 IP 地址列表及每个 IP 地址下的节点数,以逗号分隔。脚本根据输入的参数生成对应的节点配置文件，其中每个节点的端口号默认从 30300 开始递增，所有节点属于同一个机构和群组。

- −f＜IP list file＞：用于根据配置文件生成节点，相比于−l＜IP list＞支持更多的定制。按行分隔，每一行表示一个服务器，格式为 IP：NUM AgencyName GroupList，每行内的项使用空格分隔，注意不可有空行。IP：NUM 表示机器的 IP 地址及该机器上的节点数。AgencyName 表示机构名，用于指定使用的机构证书。GroupList 表示该行生成的节点所属的组，以，分隔。例如 192.168.0.1：2 agency1 1，2 表示 IP 地址为 192.168.0.1 的机器上有两个节点，这两个节点都属于机构 agency1，但分别属于 group1 和 group2。

配置文件中每个配置项以空格分隔，具体如下。

```
192.168.0.1:1 agency1 1,2 30300,20200,8545
192.168.0.2:1 agency1 1,2 30300,20200,8545
192.168.0.3:2 agency1 1,3 30300,20200,8545
192.168.0.4:1 agency2 1 30300,20200,8545
192.168.0.5:1 agency3 2,3 30300,20200,8545
192.168.0.6:1 agency2 3 30300,20200,8545
```

假设上述文件名为 ipconf，使用 bash build_chain.sh−f ipconf−T 命令建链，表示使用配置文件，设置日志级别为 DEBUG。

- −v＜FISCO BCOS binary version＞：用于指定搭建 FISCO BCOS 时使用的二进制版本。build_chain 默认下载 Release 页面最新版本。

- −e＜FISCO BCOS binary path＞：用于指定 FISCO BCOS 二进制所在的完整路径，脚本会将 FISCO BCOS 复制到以 IP 为名的目录下。不指定时，默认从 GitHub 下载最新的二进制程序。

FISCO BCOS 使用 build_chain.sh 部署 4 个本地节点，具体如图 2-3-1 所示。

```
[maggie@Maggies-MacBook-Pro fisco % bash build_chain.sh -l 127.0.0.1:4 -p 30300,20200,8545
[INFO] Downloading fisco-bcos binary from https://github.com/FISCO-BCOS/FISCO-BCOS/releases/download/v2.6.0/fisco-bcos-macOS.tar
.gz ...
#################################################################################################################### 100.0%
#################################################################################################################### 100.0%
build_chain.sh: line 1543: [[: 39983158
8905832: syntax error in expression (error token is "8905832")
===============================================================
Generating CA key...
===============================================================
Generating keys and certificates ...
Processing IP=127.0.0.1 Total=4 Agency=agency Groups=1
===============================================================
Generating configuration files ...
Processing IP=127.0.0.1 Total=4 Agency=agency Groups=1
===============================================================
[INFO] Start Port      : 30300 20200 8545
[INFO] Server IP       : 127.0.0.1:4
[INFO] Output Dir      : /Users/maggie/fisco/nodes
[INFO] CA Path         : /Users/maggie/fisco/nodes/cert/
===============================================================
[INFO] Execute the download_console.sh script in directory named by IP to get FISCO-BCOS console.
e.g.  bash /Users/maggie/fisco/nodes/127.0.0.1/download_console.sh -f
===============================================================
[INFO] All completed. Files in /Users/maggie/fisco/nodes
maggie@Maggies-MacBook-Pro fisco %
```

图 2-3-1　使用 build_chain.sh 部署 4 个本地节点

（2）节点文件组织结构

● cert 文件夹下存放链的根证书和机构证书。

● 以 IP 命名的文件夹下存储该服务器所有节点的相关配置、FISCO BCOS 可执行程序、SDK 所需的证书文件。

● 每个 IP 文件夹下的 node * 文件夹中存储节点所需的配置文件。其中 config. ini 为节点的主配置，conf 目录下存储证书文件和群组相关配置。每个节点中还提供 start. sh 和 stop. sh 脚本，用于启动和停止节点。

● 每个 IP 文件夹下提供的 start_all. sh 和 stop_all. sh 两个脚本用于启动和停止所有节点。

2. 命令行交互控制台

命令行交互控制台（简称"控制台"）是 FISCO BCOS 2.0 重要的交互式客户端工具，通过 Java SDK 与区块链节点建立连接，实现对区块链节点数据的读写访问请求。控制台拥有丰富的命令，包括查询区块链状态、管理区块链节点、部署并调用合约等。此外，控制台提供一个合约编译工具，用户可以方便快捷地将 Solidity 合约文件编译为 Java 合约文件。控制台 2.6+基于 Java SDK 实现，控制台 1. x 系列基于 Web3SDK 实现。用户可通过命令 ./start. sh--version 查看当前控制台版本。基于 Java SDK 开发应用过程中将 Solidity 代码转换为 Java 代码时，必须使用控制台 2.6+。

控制台目录结构如图 2-3-2 所示。

```
1   |-- apps # 控制台jar包目录
2   |   -- console.jar
3   |-- lib # 相关依赖的jar包目录
4   ├── conf
5   |   ├── config-example.toml # 配置文件
6   |   ├── group-generate-config.toml # 创建群组的配置文件，具体可参考命令genrateGroupFr
    omFile
7   |   └── log4j.properties # 日志配置文件
8   |-- contracts # 合约所在目录
9   |   -- solidity  # solidity合约存放目录
10  |       -- HelloWorld.sol # 普通合约：HelloWorld合约，可部署和调用
11  |       -- TableTest.sol # 使用CRUD接口的合约：TableTest合约，可部署和调用
12  |       -- Table.sol # 提供CRUD操作的接口合约
13  |   -- console  # 控制台部署合约时编译的合约abi, bin, java文件目录
14  |   -- sdk       # sol2java.sh脚本编译的合约abi, bin, java文件目录
15  |-- start.sh # 控制台启动脚本
16  |-- get_account.sh # 账户生成脚本
17  |-- get_gm_account.sh # 账户生成脚本，国密版
18  |-- sol2java.sh # solidity合约文件编译为java合约文件的开发工具脚本
19
```

图 2-3-2 控制台目录结构

控制台命令由指令和指令相关的参数两部分组成。

● **指令**：指令是执行的操作命令，包括查询区块链相关信息、部署合约和调用合约的

指令等，其中部分指令调用 JSON-RPC 接口，因此与 JSON-RPC 接口名称相同。指令可以通过 Tab 键补全，且支持按上/下键显示历史输入指令。

● **指令相关的参数**：指令调用接口需要的参数，指令与参数、参数与参数之间均用空格分隔。

3. 区块链浏览器

如图 2-3-3 所示，区块链浏览器将区块链中的数据可视化，并进行实时展示，方便用户以 Web 页面的方式，获取当前区块链中的信息。

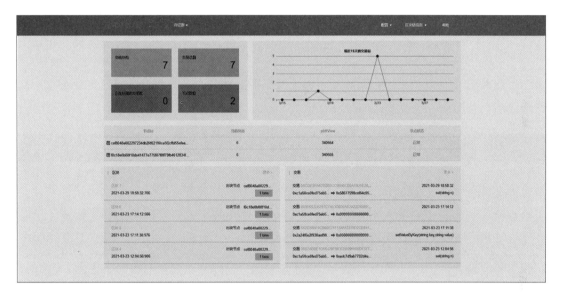

图 2-3-3　区块链浏览器

区块链浏览器主要的功能模块有群组切换模块、配置模块、区块链信息展示模块。

① 群组切换模块：主要用于在多群组场景中切换到不同群组，进行区块链信息浏览，如图 2-3-4 所示。

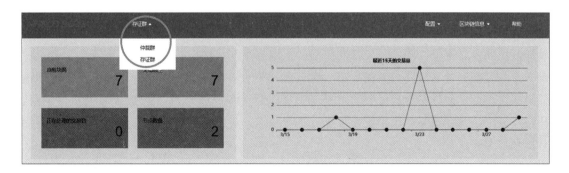

图 2-3-4　群组切换模块

② 配置模块：主要包括群组配置、节点配置、合约配置、用户配置等，如图 2-3-5 所示。

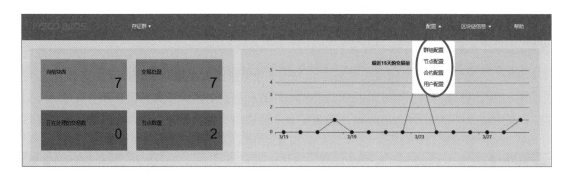

图 2-3-5 配置模块

③ 区块链信息展示模块：主要展示链上群组的具体信息，如概览信息、区块信息、交易信息等，如图 2-3-6 所示。

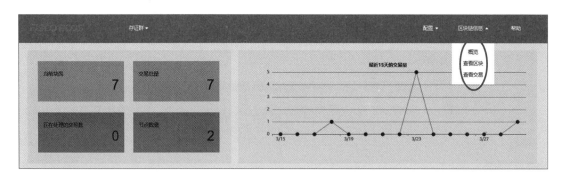

图 2-3-6 区块链信息展示模块

4. WeBASE 管理平台

WeBASE（WeBank Blockchain Application Software Extension）是在区块链应用和 FISCO BCOS 节点之间搭建的一套通用组件。围绕交易、合约、密钥管理、数据、可视化管理来设计各模块，用户可以根据业务所需，选择子系统进行部署。WeBASE 避免开发者直面区块链底层的复杂逻辑，降低开发者的门槛，大幅提高区块链应用的开发效率，包含节点前置、节点管理、交易链路、数据导出、Web 管理平台等子系统。WeBASE 是微众银行开源的自研区块链中间件平台，是在区块链应用和 FISCO BCOS 节点之间搭建的中间件平台。用户可以根据业务所需，选择子系统进行部署，进一步体验丰富的交互、可视化智能合约开发环境 IDE。

WeBASE 管理平台是由 4 个 WeBASE 子系统组成的一套管理 FISCO BCOS 联盟链的工具集。其架构如图 2-3-7 所示，其中 WeBASE-Front 需要和区块链节点同机部署。

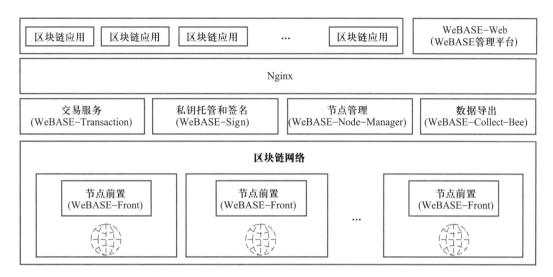

图 2-3-7　WeBASE 架构

WeBASE 架构中各子系统主要介绍如下。

● 节点前置：WeBASE-Front 仓库集成 web3sdk，提供 RESTful 风格的接口，客户端可以使用 HTTP 的形式和节点进行交互、内置内存数据库、采集节点健康度数据。WeBASE内置 Web 控制台，实现节点的可视化操作。

● 节点管理：WeBASE-Node-Manager 仓库处理前端页面所有 Web 请求，管理各节点的状态，管理链上所有智能合约，对区块链的数据进行统计与分析，对异常交易进行审计，以及私钥管理等。

● WeBASE 管理平台：WeBASE-Web 仓库。可视化操作平台可基于此平台查看节点信息，开发智能合约等。

● 交易服务：WeBASE-Transcation 仓库通过接收交易请求、缓存交易到数据库中、异步上链，可大幅提升吞吐量，解决区块链的 TPS 瓶颈。

● 私钥托管和签名：WeBASE-Sign 仓库用于托管用户私钥，提供云端签名。

● 链管理服务子系统：WeBASE-Chain-Manager 仓库支持管理多条链和动态群组管理功能，支持国密链、非国密链。

● 数据统计服务子系统：WeBASE-Stat 仓库以前置为基础拉取 CPU、内存、IO、群组大小、群组 GAS、群组网络流量的数据，记录数据库。

● 数据监管服务：WeBASE-Data 仓库以前置为基础，导出区块链数据并解析，提供一个可视化的监管视图。可以查询交易属于哪条链、哪个用户、哪个合约，保证链上数据可查可管。

● 数据导出代码生成工具：WeBASE-Codegen-Monkey 仓库代码生成工具，通过配置可以生成数据导出的核心代码。

● 数据导出服务：WeBASE-Collect-Bee 仓库导出区块链上的基础数据，如当前块高、交易总量等，通过智能合约的配置，导出区块链上合约的业务数据，包括 event、构造函数、合约地址、执行函数的信息等。

任务实施

1. 使用控制台检查、管理区块链系统

控制台的运行环境依赖安装，具体如图 2-3-8 所示。

```
1    # 推荐使用 Java 14
2    # Ubuntu 系统安装 Java
3    sudo apt install -y default-jdk
4    # CentOS 系统安装 Java
5    sudo yum install -y java java-devel
6
```

图 2-3-8　控制台的运行环境依赖安装

获取控制台，具体如图 2-3-9 所示。

```
1
2    cd ~ && mkdir -p fisco && cd fisco
3    # 获取控制台
4    curl -#LO https://github.com/FISCO BCOS/console/releases/download/v2.7.2/download_c
     onsole.sh && bash download_console.sh
5
6
```

图 2-3-9　获取控制台

配置控制台时，区块链节点和证书的配置需要将节点 sdk 目录下的 ca. crt、sdk. crt 和 sdk. key 文件复制到 conf 目录下。将 conf 目录下的 config-example. toml 文件重命名为 config. toml。配置 config. toml 文件，其中添加注释的内容根据区块链节点配置做相应修改。如果搭链时设置的 channel_listen_ip（若节点版本小于 v2.3.0，查看配置项 listen_ip）为 127. 0. 0. 1 或者 0. 0. 0. 0。若 channel_port 为 20200，则 config. toml 配置不用修改。

FISCO BCOS 2.5 及之后的版本，添加了 SDK 只能连接本机构节点的限制，操作时需确认复制证书的路径，否则将会报错。配置示例文件如图 2-3-10 所示。

控制台提供一个专门的编译合约工具，方便开发者将 Solidity 合约文件编译为 Java 合约文件，使用方法如图 2-3-11 所示。

运行成功后，将会在 console/contracts/sdk 目录下生成 java、abi 和 bin 目录。java 目录下生成了 org/com/fisco/包路径目录。包路径目录下将会生成 Java 合约文件 HelloWorld. java、TableTest. java 和 Table. java。其中，HelloWorld. java 和 TableTest. java 是 Java 应用所需要的 Java 合约文件。

```
 1 ▾ [cryptoMaterial]
 2    certPath = "conf"
 3 ▾ [network]
 4 ▾ peers=["127.0.0.1:20200", "127.0.0.1:20201"]
 5    # Configure a private topic as a topic message sender.
 6 ▾ # [[amop]]
 7    # topicName = "PrivateTopic1"
 8    # publicKeys = [ "conf/amop/consumer_public_key_1.pem" ]    # Public keys of the nodes that you wan
      t to send AMOP message of this topic to.
 9
10    # Configure a private topic as a topic subscriber.
11 ▾ # [[amop]]
12    # topicName = "PrivateTopic2"
13    # privateKey = "conf/amop/consumer_private_key.p12"         # Your private key that used to subscrib
      er verification.
14    # password = "123456"
15
16 ▾ [account]
17    keyStoreDir = "account"        # The directory to load/store the account file, default is "account"
18    # accountFilePath = ""          # The account file path (default load from the path specified by th
      e keyStoreDir)
19    accountFileFormat = "pem"      # The storage format of account file (Default is "pem", "p12" as an
      option)
20
21 ▾ [threadPool]
22
23
24    maxBlockingQueueSize = "102400"                # The max blocking queue size of the thread pool
```

图 2-3-10 配置示例文件

```
1    cd ~/fisco/console
2    ./sol2java.sh org.com.fisco # 指定Java包名
3
```

图 2-3-11 合约编译工具使用方法

运行 ./start.sh 文件启动控制台。

对于网络准入，新加入的学校须联系目标机构的学校代表，申请该机构下的节点证书、开通网络策略、配置区块链中的白名单。

对于群组准入，应由已在群组中的学校节点发起交易，将新学校节点添加到群组中成为观察节点。发送交易可通过控制台进行操作，交易命令为 addObserver。

新学校先作为观察节点加入群组，完成数据同步后转为共识节点。转为共识节点的控制台命令为 addSealer。

对于群组退出，可通过控制台发送命令 removeNode 将该节点降级为游离节点。对于网络退出，关闭其他节点与该节点相关的网络策略，移除区块链中的白名单。

2. 教育主管部门部署 FISCO BCOS-browser 作为监管平台

（1）部署结构说明

区块链浏览器 FISCO BCOS-browser 的后端服务功能是解析节点数据存储的数据库，向前端提供数据接口、页面展示。后端服务访问节点的 RPC 接口请求相关数据。FISCO

BCOS-browser 的前端项目访问后端服务端口，请求相关服务接口。

（2）主要功能

- 支持概览区块链、查看区块、查看交易、配置节点。
- 支持切换群组（需要配置群组和节点）。
- 上传并编译发送交易的合约后，可以查看交易的 inputs 和 event 解码数据。
- 概览区块链、查看区块、查看交易和配置节点页面每 10s 执行一轮请求。

（3）部署步骤

① 检查环境。

FISCO BCOS-browser 部署需要使用 Java、MySQL、Python 和 PyMySQL。环境依赖详见表 2-3-1。

表 2-3-1　环　境　依　赖

环　　境	版　　本
Java	JDK 8 或以上版本
MySQL	MySQL 5.6 或以上版本
Python	Python 3.4+
PyMySQL	使用 Python 3 时安装

在进行部署前，需要先检查表 2-3-1 中的环境依赖，查看对应环境版本是否符合部署要求。环境检查过程如图 2-3-12 所示。注意，CentOS 和 Ubuntu 操作系统在进行 PyMySQL 安装时，使用不同的指令。

```
1   #使用JDK8或以上版本：Java推荐使用OpenJDK，建议从OpenJDK网站自行下载。
2   java -version
3   #检查MySQL MySQL 5.6或以上版本：MySQL安装部署可参考数据库部署
4   mysql --version
5   # 检查Python Python 3.4或以上版本：Python安装部署可参考Python部署
6   python --version
7   # PyMySQL部署（Python 3.4+）备注：使用Python 2.7+时，需安装MySQL-python Python 3.4及以上
    版本，需安装PyMySQL依赖包：
8   # CentOS 操作系统中安装PyMySQL使用如下方式
9   sudo pip3 install PyMySQL
10  # 不支持pip命令的话，可以使用以下方式：
11  # git clone https://github.com/PyMySQL/PyMySQL
12  cd PyMySQL/
13  python3 setup.py install
14  # Ubuntu 操作系统中安装PyMySQL使用如下方式
15  # sudo apt-get install -y python3-pip
16  # sudo pip3 install PyMySQL
17
```

图 2-3-12　部署环境检查

② 拉取代码。

拉取 FISCO BCOS-browser 代码，具体如图 2-3-13 所示。

```
1   git clone https://github.com/FISCO BCOS/FISCO BCOS-browser.git
2   # 若因网络问题导致长时间下载失败，可尝试以下命令
3   # git clone https://gitee.com/FISCO BCOS/FISCO BCOS-browser.git
4   # Copy to clipboard 进入目录：
5   cd FISCO BCOS-browser/deploy
6
```

图 2-3-13 拉取 FISCO BCOS-browser

③ 修改配置。

如图 2-3-14 所示，拉取 FISCO BCOS-browser 代码后，需要根据用户已安装的数据修改对应的 common. properties 配置文件。主要需要修改的内容项目为数据库的 IP 地址、端口、用户名、密码、数据库名称等信息。内容如果没有变化，可以不修改。

```
1   # 可以使用以下命令修改，也可以直接修改文件（vi common.properties）
2   # 数据库需要提前安装
3   # 服务端口不能小于1024
4   # 数据库IP
5   ▼ sed -i "s/127.0.0.1/${your_db_ip}/g" common.properties
6   #数据库端口：
7   ▼ sed -i "s/3306/${your_db_port}/g" common.properties
8   #数据库用户名：
9   ▼ sed -i "s/dbUsername/${your_db_account}/g" common.properties
10  #数据库密码：
11  ▼ sed -i "s/dbPassword/${your_db_password}/g" common.properties
12  #数据库名称：
13  ▼ sed -i "s/db_browser/${your_db_name}/g" common.properties
14  #前端服务端口：
15  ▼ sed -i "s/5100/${your_web_port}/g" common.properties
16  #后端服务端口：
17  ▼ sed -i "s/5101/${your_server_port}/g" common.properties
18  #例子（将数据库IP地址由127.0.0.1改为0.0.0.0）：
19  #sed -i "s/127.0.0.1/0.0.0.0/g" application.yml
20
```

图 2-3-14 修改 FISCO BCOS-browser 配置

④ 部署。

如图 2-3-15 所示，执行 delopy. py 代码，可以部署、停止、启动所有服务，也可以对某个服务进行单独启停操作。

```
1   # 部署所有服务：
2   python deploy.py installAll
3   # 停止所有服务：
4   python deploy.py stopAll
5   # 启动所有服务：
6   python deploy.py startAll
7   # 单独启停命令和说明可查看帮助：
8   python deploy.py help
9
```

图 2-3-15 部署 FISCO BCOS-browser 服务

⑤ 访问。

在浏览器中输入访问地址，IP 地址为部署服务器 IP 地址，端口为前端服务端口。在

进行本地部署时，可以通过 127.0.0.1 访问前端页面，对应的前端服务端口为 5100。因此，通过 http：//127.0.0.1：5100/可以访问对应的 FISCO BCOS-browser 服务。

⑥ 日志路径。

FISCO BCOS-browser 主要记录的日志包括部署日志、后端日志和前端日志。其中，部署日志存放在 log/目录中，后端日志存放在 server/log/目录中，前端日志存放在 web/log/目录中。

3. 学校选择 WeBASE 管理平台作为区块链管理系统

部署结构说明

如图 2-3-16 所示，WeBASE-Front 访问节点的 Channel 端口，并对外提供服务，WeBASE-Node-Manager 访问 WeBASE-Front 将请求的数据缓存进数据库（Data Base，DB），并对外向 WeBASE-Web 提供服务。WeBASE-Front 还可以访问 WeBASE-Sign 对外提供私钥托管的服务。

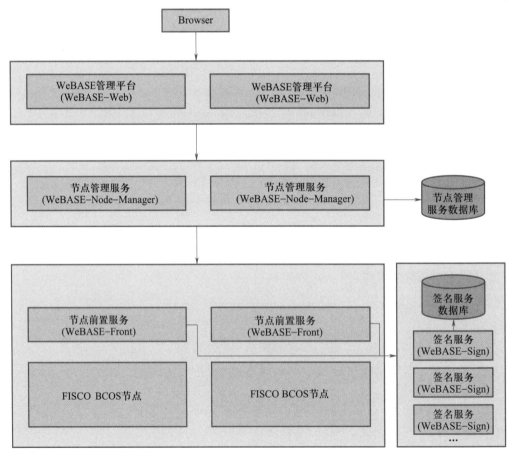

图 2-3-16   部署结构

① 环境依赖。

与部署 FISCO BCOS-browser 相似，WeBASE 部署也需要使用到 Java、MySQL、Python 和 PyMySQL。环境依赖见表 2-3-2。

表 2-3-2 WeBASE 部署环境依赖

环　境	版　本
Java	JDK 8 至 JDK 13
MySQL	MySQL 5.6 或以上版本
Python	Python 3.6 或以上版本
PyMySQL	Python 3.6 或以上版本；应安装 PyMySQL 依赖包

在部署前，需要先对表 2-3-2 中所提到的环境进行检查，查看对应环境版本是否符合部署要求，环境检查过程如图 2-3-17 所示。

```
1   # 检查Java: 推荐JDK8-JDK13版本，使用OracleJDK安装指引:
2   java -version
3   # 检查MySQL: MySQL 5.6或以上版本
4   mysql --version
5   # 检查Python
6   python --version
7   # Python 3时
8   # Python 3 --version
9   # PyMySQL部署（Python 3.6+）
10  # CentOS操作系统下:
11  sudo yum -y install python36-pip
12  sudo pip3 install PyMySQL
13  # Ubuntu操作系统下:
14  # sudo apt-get install -y python3-pip
15  # sudo pip3 install PyMySQL
```

图 2-3-17 WeBASE 部署环境检查

② 拉取部署安装包。

完成环境检查后，完成 WeBASE 部署安装包的拉取和解压，如图 2-3-18 所示。

```
1   # 获取部署安装包:
2   wget https://osp-1257653870.cos.ap-guangzhou.myqcloud.com/WeBASE/releases/download/
    v1.5.5/webase-deploy.zip
3   # 解压安装包:
4   unzip webase-deploy.zip
5   # 进入目录:
6   cd webase-deploy
7
```

图 2-3-18 拉取 WeBASE 部署安装包

③ 修改配置。

部署 WeBASE 时，修改 common.properties 配置文件，确定节点 P2P 端口、RPC 端口、加密类型等部署信息，如图 2-3-19 所示。

```
1    node.p2pPort=30300
2    # 节点链上链下端口
3    node.channelPort=20200
4    # 节点RPC端口
5    node.rpcPort=8545
6
7    # 加密类型 (0: ECDSA算法, 1: 国密算法)
8    encrypt.type=0
9    # SSL连接加密类型 (0: ECDSA SSL, 1: 国密SSL)
10   # 只有国密链才能使用国密SSL
11   encrypt.sslType=0
12
13   # 是否使用已有的链 (yes/no)
14   if.exist.fisco=no
15
16   # 使用已有链时需配置
17   # 已有链的路径, start_all.sh脚本所在路径
18   # 路径下要存在sdk目录 (sdk目录中包含了SSL所需的证书, 即ca.crt、sdk.crt、sdk.key和gm目录 (包含国密SSL证书,
        gmca.crt、gmsdk.crt、gmsdk.key、gmensdk.crt和gmensdk.key)
19   fisco.dir=/data/app/nodes/127.0.0.1
20   # 前置所连接节点, 在127.0.0.1目录中的节点中的一个
21   # 节点路径下要存在conf文件夹, conf里存放节点证书 (ca.crt、node.crt和node.key)
22   node.dir=node0
23
24   # 搭建新链时需配置
25   # FISCO-BCOS版本
26   fisco.version=2.9.1
27   # 搭建节点个数 (默认两个)
28   node.counts=nodeCounts
```

图 2-3-19　修改 WeBASE 配置文件

④ 部署。

最后，执行 installAll 命令，部署服务将自动部署 FISCO BCOS 节点，并部署 WeBASE 中间件服务，包括签名服务、节点前置、节点管理服务、节点管理前端等，完成 WeBASE 的全部部署工作。

任务拓展

1. 使用 WeBASE 进行系统监控

如图 2-3-20 和图 2-3-21 所示，监控主要包括节点监控和主机监控，可以选择节点、时间范围等条件进行筛选并查看。节点监控主要有区块高度、pbftview、待打包交易；主机监控主要有主机的 CPU 利用率、内存利用率、上行带宽和硬盘利用率。

2. 使用 WeBASE 进行交易审计

联盟链中各个机构按照联盟链委员会制定的规章在链上共享和流转数据。然而这些规章往往不被遵守，因为缺乏监管和审计。因此，为了规范使用方式，避免链的计算资源和存储资源被某些机构滥用，需要一套服务来辅助监管和审计链上的行为。交易审计就是结

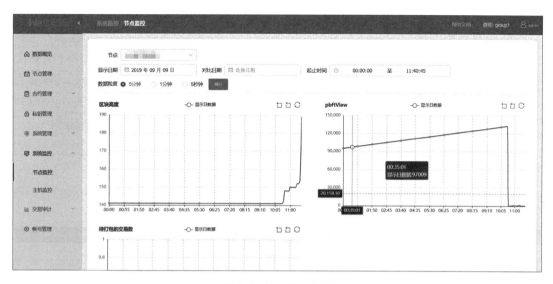

图 2-3-20　节点监控

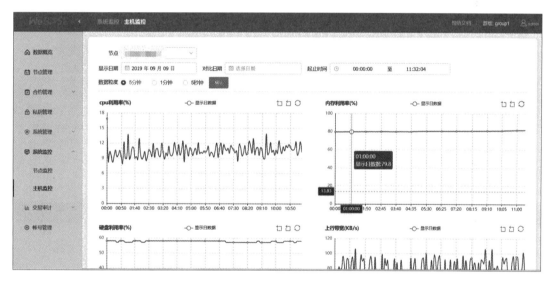

图 2-3-21　主机监控

合区块链数据、私钥管理和合约管理三者的数据，以区块链数据为原材料，以私钥管理和合约管理为依据的一个综合性数据分析功能。交易审计提供可视化的去中心化合约部署和交易监控、审计功能，方便识别链资源被滥用的情况，为联盟链治理提供依据。

交易审计主要指标见表 2-3-3。

表 2-3-3　交易审计主要指标

主要指标	指标描述
用户交易数量统计	监控链上各个外部交易账号的每日交易量

续表

主要指标	指标描述
用户子类交易数量统计	监控链上各个外部交易账号每种类型的每日交易量
异常交易用户监控	监控链上出现的异常交易用户（没在区块链中间件平台登记的交易用户）
异常合约部署监控	监控链上合约部署情况，非白名单合约（没在区块链中间件平台登记的合约）记录

用户交易审计页面如图 2-3-22 所示，该页面可以指定用户、时间范围、交易接口进行筛选查看交易。

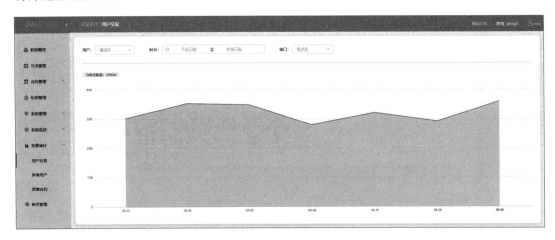

图 2-3-22　用户交易审计页面

异常用户审计页面如图 2-3-23 所示。

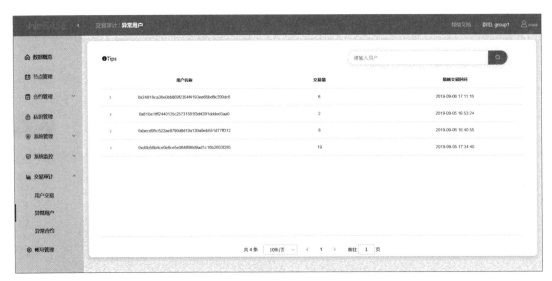

图 2-3-23　异常用户审计页面

异常合约审计页面如图 2-3-24 所示。

图 2-3-24 异常合约审计页面

课后练习

一、单选题

1. 除了 P2P 端口和 Channel 端口之外，FISCO BCOS 2.0 还有（　　）。

A. SDK 端口
B. CA 端口
C. RPC 端口
D. CFT 端口

2. FISCO BCOS 中（　　）工具为用户提供了部署、管理和监控多机构多群组联盟链的服务。

A. FISCO BCOS management
B. FISCO BCOS monitor
C. FISCO BCOS deployment
D. FISCO BCOS generator

3. 以下关于 FISCO BCOS 准入机制说法正确的是（　　）。

A. FISCO BCOS 网络不需要准入机制
B. FISCO BCOS 网络采用单级准入机制
C. FISCO BCOS 证书结构中有两种角色
D. FISCO BCOS 准入机制使用 x509 协议证书格式

4. 配置监控服务不能实现（　　）功能。

A. 监控节点是否存活
B. 实时判断节点的状态
C. 获取节点的块高和 view 信息
D. 生成监控报告

5. （　　）不在 FISCO BCOS 的证书结构中。

A. 联盟链委员会
B. 联盟链成员机构
C. 联盟链维护者
D. 联盟链参与方（节点和 SDK）

二、判断题

1. FISCO BCOS generator 提供了快速配置节点连接文件的便捷服务。　　（　　）
2. FISCO BCOS 默认采用四级的证书结构。　　（　　）
3. FISCO BCOS 只支持 x86 架构的 64 位 CPU。　　（　　）

项目3 区块链系统开发与测试

学习目标

知识目标

- 了解项目智能合约模块划分方法。
- 了解区块链事件工作原理。
- 了解区块链应用程序编程框架。
- 了解区块链应用中黑盒测试、白盒测试用例设计方法。

能力目标

- 能使用工具、SDK 等部署和调试智能合约。
- 能够完成智能合约的编写。
- 能够使用面向对象分析与设计方法编写区块链应用程序。
- 能够运用黑盒与白盒测试技术设计测试用例。

素养目标

- 培养思考、分析和解决问题的能力。
- 培养技术标准意识、操作规范意识、服务质量意识等。

项目描述

　　通过了解区块链毕业证查证系统的需求分析和 FISCO BCOS 区块链系统管理工具，需要基于应用系统的业务功能分析进行智能合约模块划分、智能合约编写、区块链应用程序开发以及测试用例设计。因此，区块链系统开发测试与围绕毕业证查证应用系统开发关键步骤可以分为以下 3 个任务。

　　① 任务 3-1　智能合约开发：该任务通过对毕业证查证应用系统的需求分析，在充分考虑学生和学校这两类角色所需要实现的业务功能业务流的基础上，完成项目相关的智能合约编码任务。

　　② 任务 3-2　应用程序开发：该任务基于已完成的智能合约代码，完成应用系统的功能接口设计、采用面向对象编程的方式完成系统相关业务功能代码的编写。

　　③ 任务 3-3　应用软件测试：该任务基于已完成的系统业务功能代码，完成黑盒测试、白盒测试及性能测试的测试用例设计。

任务 3-1　智能合约开发

微课 7：
智能合约
开发

任务描述

本任务在充分考虑学生和学校这两类角色所需要实现的业务功能的基础上，完成以下 3 个智能合约的开发。

①**ID 合约**。该合约用于将学生的学生证和学历记录上链，对于学生的学历记录需要具备 CRUD 功能，即创建（Create）、读取（Read）、更新（Update）、删除（Delete）。

②**毕业证工厂合约**。该合约用于批量化生产标准毕业证。

③**毕业证合约**。该合约即为工厂合约所创建出来的标准化"产品"，对单个毕业证需要具备 CRUD 功能。

通过该任务掌握基于区块链应用系统设计文档进行智能合约模块划分、数据格式定义、接口设计、代码编写等。

问题引导

1. 智能合约与区块链应用之间是什么关系？
2. 如何基于区块链应用设计文档，划分智能合约模块？
3. 为什么需要设计毕业证工厂合约？
4. 如何在智能合约中定义上链的数据？

知识准备

1. 智能合约与区块链应用系统

智能合约是区块链应用系统开发中重要的组成部分。Solidity 中合约的含义就是一组代码（函数）和数据（状态），位于区块链的一个特定地址上。

智能合约本质上是一个运行在区块链上的程序。相较于 Java、Python 等其他高级语言程序，任何一段基于合约编程语言（如 Solidity）编写的程序，只要将其部署到区块链上，便成为一个智能合约。智能合约与其他程序之间的比较见表 3-1-1。

表 3-1-1　智能合约与其他程序之间的比较

	代码	数据	部署到区块链上	典型编程语言
智能合约	√	√	需要	Solidity
其他程序	√	√	不需要	Java、Python

智能合约承担着将现实世界中的商业逻辑和复杂应用放到区块链上的任务，实现对业务逻辑的正确"转译"，是区块链应用系统中最核心的组成部分。因此，基于 FISCO BCOS 的毕业证查证系统离不开智能合约的开发。

一般而言，智能合约的开发首先需要结合区块链应用业务需求，设计对应的智能合约模块，确定合约需要存储的数据，在此基础上确定智能合约对外提供的接口，最后编码完成各接口的具体实现。

2. 智能合约模块划分

由于区块链的存储容量只增不减，为了不影响整体区块链的存储和执行效率，一般只有明确要求不可篡改、性能要求不高、且需要共识的内容和逻辑才需要上链。

通过对区块链应用业务功能业务流的分析，在明确了需要上链的数据后，根据上链数据的格式情况，设计对应的智能合约模块。

当上链的数据格式不同时，可选择一般智能合约模块，并在合约中定义需要上链的数据格式及对上链数据的操作。当出现上链的数据均为相同格式、仅内容不同的情况时，可以基于工厂模式设计可复用的智能合约模块。工厂模式在智能合约中一般包括两类合约，具体见表 3-1-2。

表 3-1-2　工厂模式智能合约模块说明

合　　约	说　　明
工厂合约	工厂合约一般为全局唯一部署在链上，并负责所有产品的创建
产品合约	产品合约必须通过工厂合约创建实例，操作和产品相关的所有功能

3. 智能合约变量类型

FISCO BCOS 合约引擎所支持的 Solidity 合约编程语言是一种静态类型语言。因此，在智能合约中用于上链数据存储和操作的每个变量（状态变量和局部变量）都需要在编译时指定其变量类型。Solidity 提供了多种基本变量类型，大致可以分为值类型和引用类型。

（1）值类型

Solidity 中值类型变量的存储空间内存放的是变量的值。因此智能合约中使用值类型变量时，将对变量的数据进行复制并传递。Solidity 中常用的值类型见表 3-1-3。

表 3-1-3　Solidity 常用值类型

值　类　型	类型关键字	说　　明
布尔类型	bool	布尔类型取值为 true 和 false
有符号整型	int	int*M* 表示 *M* 位有符号整型变量，如 int256
无符号整型	uint	uint*M* 表示 *M* 位无符号整型变量，如 unit256
有符号定长浮点型	fixed	fixed*M*×*N* 表示 *M* 位有符号的定长浮点型，*N* 为可用小数位数
无符号定长浮点型	ufixed	ufixed*M*×*N* 表示 *M* 为无符号的定长浮点型，*N* 为可用小数位数
地址类型	address	地址类型存储一个 20 字节的值（以太坊地址的大小）

在表 3-1-3 所示整型和定长浮点型的表示中，*M* 为该类型占用的位数，其取值范围为 8~256 位，以 8 为步长递增；对于定长浮点型，*N* 的取值范围为 0~80 的任意整数。

地址类型是智能合约中独有的一种值类型，是所有合约的基础。Solidity 合约中一般使用合约地址和账户钱包地址这两种地址类型的值，具体见表 3-1-4。

表 3-1-4　合约地址与账户钱包地址说明

地　　址	说　　明
合约地址	• 合约部署后会获得一个合约地址，关键字 this 可以返回该合约地址 • 关键字 msg. sender 可以获得当前与合约交互的地址，可以是合约地址，也可以是用户钱包地址
账户钱包地址	• 账户钱包地址可以判定操作合约的是合约拥有者还是合约方法调用者 • 关键字 tx. origin 可以获得合约最初的发起地址

在合约中，声明地址变量、使用合约地址及合约方法调用者的钱包地址示例如图 3-1-1 所示。

```
1   // 例8-1 智能合约地址类型变量使用示例
2   pragma solidity >=0.4.16;
3
4   contract addressTest {
5       //在合约中声明地址变量contractAddress用于存放该合约地址
6       address contractAddress = address(this);
7
8       //创建returnMsgSender函数，用于返回该合约方法的调用者钱包地址 msg.sender
9       function returnMsgSender() view public returns (address) {
10          return msg.sender;
11      }
12
13      //创建returnContractAddress函数，用于返回该合约地址contractAddress,即this 385 gas
14      function returnContractAddress() view public returns (address) {
15          return contractAddress;
16      }
17  }
```

图 3-1-1　智能合约地址类型变量使用示例

（2）引用类型

由表 3-1-3 可以看出，值类型一般是比较简单的类型（占用空间小于 256 位）。不同于值类型，引用类型主要用于处理复杂类型（占用空间超过 256 位）。由于引用类型占用空间大，在智能合约中使用引用类型变量时，需要考虑变量数据存放的位置，从而减少数据复制的开销。Solidity 中可以通过对引用类型变量增加关键字修饰，选择数据存放的位置，具体见表 3-1-5。

表 3-1-5 数据位置关键字说明

关键字	数据存放位置	说　　明
memory	内存	数据将存放在内存中，无法永久保持
storage	存储	数据将存放在区块链中，可以永久保持

一般而言，函数参数及其返回值的数据位置默认为 memory，局部变量的数据位置默认为 storage，状态变量的数据位置强制为 storage。

Solidity 中常用的引用类型有数组和结构体，具体见表 3-1-6。

表 3-1-6 Solidity 常用引用类型

引用类型	说　　明
数组	一个元素类型为 T，固定长度为 k 的静态数组声明为 T[k]，动态数组则声明为 T[]
定长字节数组	关键字为 bytesK，K 为字节长度，其中 bytes1 的别名为 byte
变长字节数组	变长字节数组 bytes 和 string 是特殊的数组
结构体	通过构造结构体的形式定义新的类型，结构体关键字为 struct

数组是 Solidity 中常见的引用类型之一，使用 new 关键字可在内存中创建变长数组。数组中一般含有以下两个成员，具体见表 3-1-7。

表 3-1-7 Solidity 数组成员说明

成　　员	说　　明
length	length 成员变量表示当前数组的长度
push	push 成员函数可以将新元素加入数组末尾，并返回新的数组长度

当数组类型无法准确定义需要上链数据的格式时，可以通过构建结构体，将几个变量分组定义为一个新的类型。以学历记录为例，结构体与数组在 Solidity 中结合使用示例如图 3-1-2 所示。

```
1    // 例8-2 智能合约结构体使用示例
2    pragma solidity >=0.4.16;
3
4    contract structTest{
5
6        // 定义结构体structSample,用于存放学历记录
7        struct structSample {
8
9            //合约中声明地址变量issuer,用于存放证书办证
10           address issuer;
11           // 声明无符号整型变量trtype,用于存放证书类型
12           uint256 trtype;
13           // 声明无符号整型变量trtype,为字符数组string
14           uint256 modifyDate;
15       }
16       //创建对象数组,变量名为 strSamples
17       structSample[] private strSamples;
18
19       function structSampleTest () public returns (address, uint256, uint256){
20           //初始化结构体对象ss
21           structSample memory ss = structSample(msg.sender,20120101,20200101);
22           //初始化结构体对象ss2 infinite gas
23           structSample memory ss2 = structSample(msg.sender,20080202,20120202);
24           //将结构体对象ss与ss2,通过数组的push成员函数,加入到strSamples数组尾部
25           strSamples.push(ss);
26           strSamples.push(ss2);
27           //通过数组的length成员,寻找到数组的最后一个学历记录结构体对象并返回
28           structSample storage tr = strSamples[strSamples.length-1];
29           return (tr.issuer,tr.trtype,tr.modifyDate);
30       }
31   }
```

图 3-1-2　结构体与数组在 Solidity 中结合使用示例

4. 智能合约可见性与访问权限

根据区块链应用系统的业务逻辑判断，不同的角色对业务及上链数据会有不同的操作权限。因此，在智能合约模块中需要对声明的变量或者函数设置可见性，划分访问权限。Solidity 中可见性关键字说明，见表 3-1-8。

表 3-1-8　Solidity 中可见性关键字说明

关键字	说　　明
public	可修饰变量和函数，表示在内部、外部均可见
private	可修饰变量和函数，表示仅在当前合约中可见
external	仅修饰函数，表示该函数仅在外部可见
internal	可修饰变量和函数，表示仅在内部可见
pure	修饰函数时，不允许修改或访问状态
view	修饰函数时，不允许修改状态
constant	修饰状态变量时，不允许赋值；修饰函数时，与 view 等价

5. 智能合约接口

在智能合约模块中声明了需要上链的数据变量后，通常需要根据设计文档中的业务功能需求设计智能合约接口，接口可以用于实现链上数据的创建、读取、更新、删除（即CRUD）等功能。一般接口的定义中需要说明接口名、接口入参、接口功能描述及接口返回，具体见表 3-1-9。

表 3-1-9　接口定义要素说明

要　　素	说　　明
接口名	定义接口的名称
接口入参	定义接口的参数变量、类型、说明
接口功能描述	简要介绍接口实现的功能
接口返回	明确接口的返回值

在智能合约开发中，针对常见的 CRUD 功能，一般可以创建的接口类型及说明见表 3-1-10。

表 3-1-10　常见接口类型及说明

接口类型	说　　明
创建接口	使用构造函数创建，用于写入合约基本信息，需定义接口入参
获取接口	用于获取智能合约中的基本信息，不需要接口入参
修改接口	用于修改智能合约中的基本信息，一般需要接口入参
添加接口	用于往智能合约中添加信息，一般需要接口入参

6. 智能合约事件

通过接口，智能合约可以对需要上链的数据进行读/写操作。注意，区块链写操作的返回结果可能改变区块链的状态，因此必须通过节点间的共识同步方可获得结果。因此，任何区块链的 SDK 都无法可靠地获得任何写操作的返回值，只能获得当前所连接区块链节点的返回值。而这个节点的返回值是否得到了其他参与方的共识，是未知的。为了确定智能合约中对于数据的写操作确实已完成，需要借助智能合约中的事件。

在智能合约中，事件是以太坊虚拟机（EVM）日志功能中提供的一组方便的接口，事件声明时可以设置参数列表。当智能合约执行过程中，事件被触发时会将其参数列表中的数据记录成日志，并将该日志保存到区块链上。智能合约中的事件提供了将合约中数据保存到区块链上的一种方法。事件声明与触发的关键字说明，见表 3-1-11。

表 3-1-11　Solidity 事件关键字说明

关键字	说　　明
event	使用 event 关键字可以声明事件，其中参数列表就是需要保存到区块链上的数据
emit	使用 emit 关键字可以触发事件

在智能合约开发中，得益于智能合约事件的特性，对于所有写操作，必须通过事件才能够可靠地获取返回值，这是因为一旦事件被写入块，就意味着该写操作已经完成链上节点的共识。

任务实施

1. 划分智能合约模块

智能合约模块的划分，需要结合区块链应用业务需求，且明确需要上链的数据。在毕业证查证系统项目中，有学生和学校两类角色。本项目基于 FISCO BCOS 的 WeIdentity，实现学生的毕业信息上链保存，供其他需要查验毕业证真伪的用户验证。通过区块链上数据不可篡改的特性，防止学生、学校两类角色出现作恶的隐患，该项目明确以下两类数据需要上链。

① 链上 ID（学生证）。链上的学生 ID 为一个学生的"教育档案"，其中包含这名学生所有的教育经历、参加过的资格考试和培训经历。不同的学校/教育机构，应秉持公正可信的原则向该学生 ID 中写入教育历史。每次写入，均需要由操作机构在链上留下修改记录。

② 链上毕业证。链上的毕业证格式与线下毕业证相仿，应包含毕业证的所有关键字段。毕业证一经创建，仅学校可修改、撤销，且每次修改记录也须上链。

以上两类上链数据中，不同的毕业证虽然内容不同，但拥有相同的数据格式，都需要说明颁发者、颁发时间等。因此，对于毕业证数据，适合使用工厂模式进行存储。使用工厂模式设计毕业证相关智能合约，可以提高智能合约的可复用性。

根据毕业证查证系统项目中上链数据的分析，综合考虑业务功能需求，可以分为以下 3 个智能合约模块。

① ID 合约：该合约用于将学生的学生证和学历记录信息上链，对于学生的学历记录需要具备基本 CRUD 功能。

② 毕业证工厂合约：该合约用于创建毕业证合约。在本项目中仅要求完成基本版本。

③ 毕业证合约：毕业证合约即工厂合约所创建的标准化"产品"，对于单个毕业证，需要具备基本 CRUD 功能。

2. 定义智能合约数据格式

通过对毕业证查证系统项目设计文档分析，确定了链上数据为链上学生证 ID 及链上毕业证，并划分了相应的智能合约模块。在进行智能合约模块的接口设计前，该部分完成对相应智能合约中链上数据的格式定义。

（1）ID 合约链上数据格式

为了保证链上学生 ID 数据能够保持完整的学生基本信息记录及学生培训学历记录，在学生证 ID 合约中需要定义以下数据变量，具体见表 3-1-12。

表 3-1-12　ID 合约链上数据格式说明

字　　段	类　　型	说　　明
owner	address	学生证持有者的账户信息
name	string	学生姓名
sid	string	学生身份证号
birthDate	uint256	学生出生日期（日期以 8 位数字整形显示）
gender	bool	学生性别
tr	struct	结构体，定义学历记录类型
tr. issuer	address	颁发学历机构
tr. trtype	uint256	学历类型
tr. stratDate	uint256	学历培训开始时间
tr. endDate	uint256	学历培训终止时间
tr. diplomaAddress	address	链上毕业证合约地址
tr. timestamp	uint256	本次修改时间

（2）毕业证合约链上数据格式

毕业证管理采用了工厂模式，工厂合约只负责产品的创建，并不处理数据，因此不需要定义链上数据格式。毕业证的相关信息定义和操作，均在毕业证合约中完成。毕业证合约中需要定义以下数据变量，具体见表 3-1-13。

表 3-1-13　毕业证合约链上数据格式说明

字　　段	类　　型	说　　明
owner	address	本毕业证的持有人 ID（学生证）
issuer	address	颁证机构
trtype	uint256	毕业学位类型（如学士、硕士、博士）
name	string	姓名

续表

字　　段	类　　型	说　　明
sid	string	身份证号
department	string	系
major	String	专业
startDate	uint256	入学日期
endDate	uint256	毕业日期
revoked	bool	是否撤销
timestamp	uint256	本毕业证创建时间（颁证日期）

3. 设计智能合约模块接口

通过对上链数据 CRUD 功能需求的梳理，该部分完成 ID 合约、毕业证工厂合约及毕业证合约模块的接口设计。对各个接口的设计，主要从各接口的接口名、接口入参、接口功能描述及接口返回信息进行分步实现。

（1）ID 合约接口设计

ID 合约主要用于将学生的学生证和学历记录信息上链，对于学生的学历记录需要具备基础的 CRUD 功能。ID 合约需要设计创建接口、获取基本信息接口、修改基本信息接口、添加学历记录接口、修改学历记录接口及获取全部学历记录接口。具体各接口的设计要素如下。

1）ID 合约-创建接口

创建接口可以直接使用构造函数。在学生证案例中，创建接口和写入学历记录接口是分开的，这是因为创建接口可以被任何人调用。因此，创建接口只用于写入学生的基本信息。

① 接口名：**constructor**。

② 接口参数：具体见表 3-1-14。

表 3-1-14　ID 合约-创建接口——接口参数说明

接口入参	类　　型	说　　明
ownerValue	address	学生证持有者的账户地址
nameValue	string	学生姓名
sidValue	string	身份证号
birthDateValue	uint256	出生日期
genderValue	bool	性别

③ 接口功能描述：创建学生证 ID 合约，传入输入参数并写入学生证基本信息。

④ 接口返回：学生证地址。

2）ID 合约-获取基本信息接口

该接口用于获取学生的所有基本信息。从应用接口设计的角度，基本信息是相对稳定不会改变的，学历记录与之相反，因此应拆分处理。

① 接口名：**getBaseInfo**。

② 接口参数：该接口用于返回信息，因此无须接口入参。

③ 接口功能描述：该接口用于返回学生的所有基本信息（如学生姓名、性别、出生年月等）。

④ 接口返回：学生的所有基本信息。

3）ID 合约-修改基本信息接口

该接口允许学生（持有者）自己对基本信息进行修改。本项目只提供修改姓名接口。

① 接口名：**setName**。

② 接口参数：具体见表 3-1-15。

表 3-1-15　ID 合约-修改基本信息接口——接口参数说明

接口入参	类　　型	说　　明
nameValue	string	学生姓名

③ 接口功能描述：仅学生证持有者可以修改。输入传入的姓名参数，替代已有的基本信息中的学生姓名。

④ 接口返回：成功/失败。

4）ID 合约-添加学历记录接口

该接口允许教育机构对某个学生证 ID 添加一条学历记录。

① 接口名：**addTrainingRecord**。

② 接口参数：具体见表 3-1-16。

表 3-1-16　ID 合约-添加学历记录接口——接口参数说明

接口入参	类　　型	说　　明
timestamp	uint256	本次修改时间
trtype	uint256	学历记录类型
startDate	uint256	开始日期
endDate	uint256	结束日期
diplomaAddress	address	学位证地址

③ 接口功能描述：判断调用者的账户地址，将账户地址设置为本学历记录的创建者。创建时，首先遍历已有的所有学历记录，如果已有相关记录，则直接返回失败；如果没有

相关记录，就创建一条学历记录并插入增添。

④ 接口返回：成功/失败。

5）ID 合约-修改学历记录接口

该接口允许教育机构对某个学生证 ID 修改一条已有的学历记录。作为案例介绍，不设计独立的删除接口。读者可以参考其逻辑，设计删除接口，也可以使用已有修改接口间接实现删除功能。

① 接口名：**modifyTrainingRecord**。

② 接口参数：具体见表 3-1-17。

表 3-1-17　ID 合约-修改学历记录接口——接口参数说明

接口入参	类　型	说　明
timestamp	uint256	本次修改时间
trtype	uint256	学历记录类型
startDate	uint256	开始日期
endDate	uint256	结束日期
diplomaAddress	address	学位证地址

③ 接口功能描述：判断调用者的账户地址，遍历已有的所有学历记录且如果该创建者已创建相关记录，则修改此记录；如果没有相关记录，直接返回失败。

④ 接口返回：成功/失败。

6）ID 合约-获取全部学历记录接口

该接口获取该学生证的所有学历记录。

① 接口名：**getAllTrainingRecord**。

② 接口参数：因为该接口用于返回信息，因此无须接口入参。

③ 接口功能描述：用于返回所有记录在案的学历证明信息。

④ 接口返回：所有记录在案的学历证明信息。

（2）毕业证工厂合约接口设计

毕业证工厂合约接口主要用于批量化生产标准毕业证和定制毕业证。本案例中仅涵盖标准毕业证，若学校使用定制毕业证格式，可以修改毕业证工厂合约，引入自定义的毕业证合约。

毕业证工厂合约-创建接口

工厂合约的创建接口是为了批量生产标准毕业证。因此，需要传入所有毕业证在初始化时传入属性项，如毕业证的持有人 ID、毕业学位类型、姓名等信息。

① 接口名：**createBasicDiploma**。

② 接口入参：具体见表 3-1-18。

表 3-1-18　毕业证工厂合约-创建接口——接口参数说明

字　　段	类　　型	说　　明
ownerValue	address	该毕业证的持有人 ID（学生证）
typeValue	uint256	毕业学位类型（如中学、本科、硕士、博士）
nameValue	string	姓名
sidValue	string	身份证号
departmentValue	string	系
majorValue	string	专业
startDateValue	uint256	入学日期
endDateValue	uint256	毕业日期
timestampValue	uint256	该毕业证创建时间（颁证日期）

③ 接口功能描述：该接口用于创建一个毕业证合约。

④ 接口返回：毕业证地址。

（3）毕业证合约接口设计

毕业证合约即工厂合约所创建的标准化"产品"，包含对单个毕业证的所有 CRUD 功能。因此，毕业证合约需要设计创建接口、设置毕业证详细信息接口、设置撤销状态接口及获取全部详细信息接口。具体各接口的设计要素分步实现如下。

1）毕业证合约-创建接口

毕业证创建接口直接使用构造函数。由于 Solidity 的限制，EVM 栈只能容纳 16 个变量，包括所有输入参数及函数体中的临时内存变量，因此，本构造函数仅初始化一部分输入参数，其他的属性通过其他初始化参数构造。

EVM 栈容量有限是一个常见的问题。在传入参数较少时，可以参考本例，使用多个初始化函数分别初始化的方法作为 workaround。在传入参数较多的情况下，一般选择将同数据类型的输入参数（如同为 uint256、address 等），以静态数组的形式传入。

① 接口名：constructor。

② 接口参数：具体见表 3-1-19。

表 3-1-19　毕业证合约-创建接口——接口参数说明

字　　段	类　　型	说　　明
ownerValue	address	该毕业证的持有人 ID（学生证）
typeValue	uint256	毕业学位类型（如中学、本科、硕士、博士）
nameValue	string	姓名
sidValue	string	身份证号
startDateValue	uint256	入学日期
endDateValue	uint256	毕业日期
timestampValue	uint256	如毕业证创建时间（颁证日期）

③ 接口功能描述：创建学生证 ID 合约，将合约最初的发起地址（tx. origin）设置为 issuer。设置撤销状态为未撤销。传入其他输入参数，并写入学生证基本信息。

④ 接口返回：学生证地址。

2）毕业证合约-设置毕业证详细信息接口

该接口用于设置毕业证上由上一个接口无法完全设置的遗留属性。

① 接口名：setDiplomaData。

② 接口参数：具体见表 3-1-20。

表 3-1-20　毕业证合约-设置毕业证详细信息接口——接口参数说明

字　　段	类　　型	说　　明
departmentValue	string	系
majorValue	string	专业

③ 接口功能描述：只允许 issuer 作为传入时进行修改，添加学位证中系和专业信息。

④ 接口返回：成功/失败。

3）毕业证合约-设置撤销状态接口

该接口用于设置学位证是否被撤销属性。

① 接口名：setRevoked。

② 接口参数：具体见表 3-1-21。

表 3-1-21　毕业证合约-设置撤销接口——接口参数说明

字　　段	类　　型	说　　明
status	bool	撤销状态

③ 接口功能描述：设置撤销状态。

④ 接口返回：成功/失败。

4）毕业证合约-获取全部详细信息接口

该接口用于获取毕业证上所有信息。

① 接口名：getAllInfo。

② 接口参数：该接口用于返回信息，因此无须接口入参。

③ 接口功能描述：该接口用于返回所有毕业证数据字段。

④ 接口返回：所有毕业证数据字段。

4. 编写智能合约模块

基于智能合约模块的接口设计，该部分完成毕业证查证系统中 ID 合约、毕业证工厂合约及毕业证合约的智能合约编写。

以下所有合约代码由微众银行一线技术人员提供且已开源。有需要的读者可前往官网获取。

（1）ID 合约编写

每一个学生证 ID，在链上都是一个部署上链的完整智能合约，在合约部署完成后获得的地址就是该 ID 合约本身。因此，对学生证 ID 的访问操作，就是对这个地址通过智能合约接口进行接口调用的过程。

智能合约的 pragma 定义部分，如图 3-1-3 所示。该部分定义了该合约的编译器版本最低应为 0.4.25。本任务基于 Solidity 0.4 版本。注意，在 Solidity0.5 之后编译器规则有较大的变化，本书中部分代码在编译时可能需要根据最新的更新进行调整。注释中标明该合约用于处理链上的学生证信息。

```
1   pragma solidity ^0.4.25;
2
3   /**
4    * @title Student ID
5    * 链上学生证.
6    */
```

图 3-1-3   智能合约的 pragma 定义部分

如图 3-1-4 所示，合约名为 Id，则合约的完整内容也需要以 Id 开始。一般来说，将所有成员变量尽可能地在整个合约的开始阶段定义，是一种规范的合约写作和协作习惯。同时，如无特殊需求，成员变量应被全部设置为私有 private，并通过特定的含业务属性的 getter/setter 函数进行读写。

```
8    contract Id {
9        // 学生证持有人（地址）
10       address private owner;
11       // 学生基本信息（日期以八位数字整形表示）
12       string private name;
13       string private sid;
14       uint256 private birthDate;
15       bool private gender;
16       // 修改记录相关
17       event TrainingRecordChanged(uint256 retCode, address changer, uint256 timestamp, uint256 changedId);
18       event BaseInfoChanged(uint256 retCode, string info, string val, address changer);
19       // 错误码
20       uint256 private RET_SUCCESS = 0;
21       uint256 private RET_ALREADY_EXISTED = 1001;
22       uint256 private RET_NOT_EXIST = 1002;
23       uint256 private RET_NO_PERMISSION = 1003;
24       // 学历记录
25       struct TrainingRecord {
26           // 颁发机构
27           address issuer;
28           // 学历证明类型
29           uint256 trtype;
30           uint256 startDate;
31           uint256 endDate;
32           address diplomaAddress;
33           // 本次修改时间
34           uint256 timestamp;
35       }
36       TrainingRecord[] private trs;
```

图 3-1-4   ID 合约中变量定义部分

本任务中，定义了属性如下。

① 合约的所有者 owner。

② 学生基本信息，包括学生姓名 name、学生学号 sid、学生出生日期 birthDate 和性别 gender。其中，所有涉及时间的 birthDate 参数以 uint256 表示，在实际测试中，可以使用标准毫秒或秒级时间戳，也可以使用如 20200308 这样的格式。

③ 必要的事件。本例中设计了两个事件：BaseInfoChanged 和 TrainingRecordChanged，分别用来表示基本信息的修改和学历记录的修改结果。

④ 错误码。为了编码便于理解和二次开发，要避免出现魔法数，因此使用可以表述含义的错误码来代替具体的整型值。

⑤ 学历记录 TraningRecord。学历记录使用 struct 结构体类型，包括学历记录的所有内容项，和接口设计一致。

⑥ 学历记录存储 trs。可以使用数组或映射进行存储，其中数组的优势是便于定位、有自带的遍历功能，缺点是性能差、删除不易，而映射正好相反。本例中使用数组进行存储。

合约的构造函数和基本信息读取函数，如图 3-1-5 所示。将传入的 owner 属性设置为学生证的持有者，保证创建后续的修改只能由本人进行。这两个函数都是仅针对基本信息进行处理，具体的学历记录则由学历的修改函数解决。

```
38    constructor (
39        address ownerValue,
40        string memory nameValue,
41        string memory sidValue,
42        uint256 birthDateValue,     🔘 infinite gas 1147400 gas
43        bool genderValue
44    ) {
45        // 允许任何人为别人创建ID，但是创建好了以后的修改只能由本人进行
46        owner = ownerValue;
47        name = nameValue;
48        sid = sidValue;
49        birthDate = birthDateValue;
50        gender = genderValue;
51    }
52
53    function getBaseInfo() public view returns (
54        address ownerValue,
55        string memory nameValue,
56        string memory sidValue,
57        uint256 birthDateValue,
58        bool genderValue    🔘 infinite gas
59    ) {
60        return (owner, name, sid, birthDate, gender);
61    }
62
```

图 3-1-5　ID 合约中构造函数和基本信息读取函数

合约函数分为写函数和读函数。一般来说，写函数的成功执行会导致区块链状态的改变；而读函数的执行不会改变状态。因此，写函数一般都需要通过事件来判断其执行成功与否；而读函数则可以直接返回结果，同时读函数可以通过 view、pure 等修饰符进行修饰，以提高编译和执行效率。

如图 3-1-6 所示，以修改姓名作为修改基本信息的一个代表，通过检查传入的 msg.sender，能够判断请求的调用方是否为学生证持有者本人。若非本人，则记录一条

"无权限"事件结果并退出，否则重设姓名并记录一条"成功"事件结果。

```
63    function setName(string memory nameValue) public {
64        // 修改姓名必须由本人进行
65        // this is a sample which you can enroll other attribute modification
66        if (msg.sender != owner) {     infinite gas
67            emit BaseInfoChanged(RET_NO_PERMISSION, "name", nameValue, msg.sender);
68            return;
69        }
70        name = nameValue;
71        emit BaseInfoChanged(RET_SUCCESS, "name", nameValue, msg.sender);
72    }
73
```

图 3-1-6　ID 合约中修改姓名函数

图 3-1-7 所示为添加学历记录函数。由于学历记录需要检查修改权限，要求仅学校有权限修改，因此对于每一条学历记录的 issuer（颁证方），这里不通过传入参数的方式进行初始化，而是使用 msg. sender，即区块链层面的交易发起方来进行初始化。随后，遍历每一条位于存储区的学历证明记录，检查该记录的 issuer 是否为本机构、同时检查颁证的类型是否为已颁过的（不允许重复颁发一个已有的学历记录）。若未找到，则新增一个学历记录。不论增添是否成功，都会通过事件来记录成功与否的结果及原因。

```
74    function addTrainingRecord(
75        uint256 timestamp,
76        uint256 trtype,
77        uint256 startDate,
78        uint256 endDate,
79        address diplomaAddress
80    ) public {
81        address issuer = msg.sender;     infinite gas
82        uint dataLength = trs.length;
83        for (uint index = 0; index < dataLength; index++) {
84            TrainingRecord storage tr = trs[index];
85            if (msg.sender == tr.issuer && trtype == tr.trtype) {
86                // 已有相关记录，不加返回直接抛出
87                emit TrainingRecordChanged(RET_ALREADY_EXISTED, issuer, timestamp, index);
88                return;
89            }
90        }
91        // 未找到已有学历，则增添一个
92        TrainingRecord memory _tr = TrainingRecord(issuer, trtype, startDate, endDate, diplomaAddress, timestamp);
93        trs.push(_tr);
94        emit TrainingRecordChanged(RET_SUCCESS, issuer, timestamp, dataLength + 1);
95    }
96
```

图 3-1-7　ID 合约中添加学历记录函数

图 3-1-8 所示为修改学历记录函数，可以看到，整体流程和添加类似，而重复存在的结果和添加的逻辑正好相反。

图 3-1-9 所示为获取所有培训记录的函数。在 0.4. x 和 0.5. x 的 Solidity 语法中，不允许返回结构体，需分别返回每一个属性项。由于 Solidity 的语法限制，无法直接返回存储区的数据，因此需要手动创建一个和存储区大小相同的内存区数组，遍历所有存储区的变量，然后返回这个内存区数组。

```
97       function modifyTrainingRecord(
98           uint256 timestamp,
99           uint256 trtype,
100          uint256 startDate,
101          uint256 endDate,
102          address diplomaAddress
103      ) public {
104          address issuer = msg.sender;
105          uint dataLength = trs.length;
106          for (uint index = 0; index < dataLength; index++) {
107              TrainingRecord storage tr = trs[index];
108              if (msg.sender == tr.issuer && trtype == tr.trtype) {
109                  // 已有相关记录，进行修改即可
110                  tr.startDate = startDate;
111                  tr.endDate = endDate;
112                  tr.diplomaAddress = diplomaAddress;
113                  tr.timestamp = timestamp;
114                  emit TrainingRecordChanged(RET_SUCCESS, issuer, timestamp, index);
115                  return;
116              }
117          }
118          // 未找到已有学历，则返回错误不存在
119          emit TrainingRecordChanged(RET_NOT_EXIST, issuer, timestamp, 0);
120      }
121
```

图 3-1-8　ID 合约中修改学历记录函数

```
122      function getAllTrainingRecord() public view returns (address[] memory, address[] memory, uint256[] memory,
123          uint256[] memory, uint256[] memory, uint256[] memory) {
124          uint dataLength = trs.length;
125          address[] memory issuers = new address[](dataLength);
126          address[] memory diplomaAddresses = new address[](dataLength);     infinite gas
127          uint256[] memory trtypes = new uint256[](dataLength);
128          uint256[] memory startDates = new uint256[](dataLength);
129          uint256[] memory endDates = new uint256[](dataLength);
130          uint256[] memory timestamps = new uint256[](dataLength);
131          for (uint index = 0; index < dataLength; index++) {
132              TrainingRecord storage tr = trs[index];
133              issuers[index] = tr.issuer;
134              trtypes[index] = tr.trtype;
135              startDates[index] = tr.startDate;
136              endDates[index] = tr.endDate;
137              diplomaAddresses[index] = tr.diplomaAddress;
138              timestamps[index] = tr.timestamp;
139          }
140          return (issuers, diplomaAddresses, trtypes, startDates, endDates , timestamps);
141      }
142
143  }
144
```

图 3-1-9　ID 合约中获取所有培训记录的函数

ID 合约完整合约代码如下。

```
pragma solidity ^0.4.25;

/**
 * @title Student ID
 * 链上学生证
 */

contract Id {
```

```solidity
// 学生证持有人(地址)
address private owner;
// 学生基本信息(日期以 8 位数字整形表示)
string private name;
string private sid;
uint256 private birthDate;
bool private gender;
// 修改记录相关
event TrainingRecordChanged(uint256 retCode, address changer, uint256 timestamp, uint256 changedId);
event BaseInfoChanged(uint256 retCode, string info, string val, address changer);
// 错误码
uint256 private RET_SUCCESS = 0;
uint256 private RET_ALREADY_EXISTED = 1001;
uint256 private RET_NOT_EXIST = 1002;
uint256 private RET_NO_PERMISSION = 1003;
// 学历记录
struct TrainingRecord {
    // 颁发机构
    address issuer;
    // 学历证明类型
    uint256 trtype;
    uint256 startDate;
    uint256 endDate;
    address diplomaAddress;
    // 本次修改时间
    uint256 timestamp;
}
TrainingRecord[] private trs;

constructor (
    address ownerValue,
    string memory nameValue,
    string memory sidValue,
    uint256 birthDateValue,
    bool genderValue
) {
    // 允许任何人为别人创建 ID,但是创建之后的修改只能由本人进行
    owner = ownerValue;
    name = nameValue;
    sid = sidValue;
    birthDate = birthDateValue;
    gender = genderValue;
}

function getBaseInfo() public view returns (
    address ownerValue,
    string memory nameValue,
```

```solidity
        string memory sidValue,
        uint256 birthDateValue,
        bool genderValue
    ) {
        return (owner, name, sid, birthDate, gender);
    }

    function setName(string memory nameValue) public {
        // 修改姓名必须由本人进行
        // this is a sample which you can enroll other attribute modification
        if (msg.sender ! = owner) {
            emit BaseInfoChanged(RET_NO_PERMISSION, "name", nameValue, msg.sender);
            return;
        }
        name = nameValue;
        emit BaseInfoChanged(RET_SUCCESS, "name", nameValue, msg.sender);
    }


    function addTrainingRecord(
        uint256 timestamp,
        uint256 trtype,
        uint256 startDate,
        uint256 endDate,
        address diplomaAddress
    ) public {
        address issuer = msg.sender;
        uint dataLength = trs.length;
        for (uint index = 0; index < dataLength; index++) {
            TrainingRecord storage tr = trs[index];
            if (msg.sender = = tr.issuer && trtype = = tr.trtype) {
                // 已有相关记录,不加返回直接抛出
                emit TrainingRecordChanged(RET_ALREADY_EXISTED, issuer, timestamp, index);
                return;
            }
        }
        // 未找到已有学历,则新增一个
        TrainingRecord memory _tr = TrainingRecord(issuer, trtype, startDate, endDate, diplomaAddress, tim-
estamp);
        trs.push(_tr);
        emit TrainingRecordChanged(RET_SUCCESS, issuer, timestamp, dataLength + 1);
    }


    function modifyTrainingRecord(
        uint256 timestamp,
        uint256 trtype,
        uint256 startDate,
        uint256 endDate,
```

```
        address diplomaAddress
    ) public {
        address issuer = msg.sender;
        uint dataLength = trs.length;
        for (uint index = 0; index < dataLength; index++) {
            TrainingRecord storage tr = trs[index];
            if (msg.sender == tr.issuer && trtype == tr.trtype) {
                // 已有相关记录,进行修改即可
                tr.startDate = startDate;
                tr.endDate = endDate;
                tr.diplomaAddress = diplomaAddress;
                tr.timestamp = timestamp;
                emit TrainingRecordChanged(RET_SUCCESS, issuer, timestamp, index);
                return;
            }
        }
        // 未找到已有学历,则返回错误不存在
        emit TrainingRecordChanged(RET_NOT_EXIST, issuer, timestamp, 0);
    }

    function getAllTrainingRecord() public view returns (address[] memory, address[] memory, uint256[] memory,
    uint256[] memory, uint256[] memory, uint256[] memory) {
        uint dataLength = trs.length;
        address[] memory issuers = new address[](dataLength);
        address[] memory diplomaAddresses = new address[](dataLength);
        uint256[] memory trtypes = new uint256[](dataLength);
        uint256[] memory startDates = new uint256[](dataLength);
        uint256[] memory endDates = new uint256[](dataLength);
        uint256[] memory timestamps = new uint256[](dataLength);
        for (uint index = 0; index < dataLength; index++) {
            TrainingRecord storage tr = trs[index];
            issuers[index] = tr.issuer;
            trtypes[index] = tr.trtype;
            startDates[index] = tr.startDate;
            endDates[index] = tr.endDate;
            diplomaAddresses[index] = tr.diplomaAddress;
            timestamps[index] = tr.timestamp;
        }
        return (issuers, diplomaAddresses, trtypes, startDates, endDates, timestamps);
    }

}
```

（2）毕业证工厂合约编写

图 3-1-10 所示为毕业证工厂合约的编译器定义和依赖引入部分，可以看到，工厂合约中引入了所有需要被创建的产品合约（Diploma.sol）。

```
1   pragma solidity ^0.4.25;
2
3   import "./Diploma.sol";
4
5   /**
6    * @title Diploma Factory
7    */
8
```

图 3-1-10　毕业证工厂合约编译器定义和依赖引入部分

毕业证工厂合约的生产产品函数（创建基本毕业证）如图 3-1-11 所示。传入的参数较多，由于 Solidity 最大栈容量为 16 个，在毕业证合约中的创建接口只能容纳 8 个，因此单独分拆出"设置毕业证详细信息"接口。通过两次跨合约函数调用，完成对毕业证属性的设置。最后，调用一个创建事件来确认新的毕业证合约已成功上链。

```
9    contract DiplomaFactory {
10       event CreateLog(address addr, uint256 timestamp);
11
12       function createBasicDiploma(
13           address ownerValue,
14           uint256 timestampValue,
15           uint256 typeValue,
16           string nameValue,
17           string sidValue,
18           uint256 startDateValue,
19           uint256 endDateValue,
20           string departmentValue,
21           string majorValue
22       ) public {
23           Diploma diploma = new Diploma(ownerValue, timestampValue, typeValue,
24               nameValue, sidValue, startDateValue, endDateValue);
25           diploma.setDiplomaData(departmentValue, majorValue);
26           emit CreateLog(diploma, timestampValue);
27       }
28   }
```

图 3-1-11　毕业证工厂合约的生产产品函数

毕业证工厂合约完整代码如下。

```
pragma solidity ^0.4.25;

import "./Diploma.sol";

/**
 * @title Diploma Factory
 */

contract DiplomaFactory {
    event CreateLog(address addr, uint256 timestamp);

    function createBasicDiploma(
        address ownerValue,
        uint256 timestampValue,
        uint256 typeValue,
        string nameValue,
```

```
            string sidValue,
            uint256 startDateValue,
            uint256 endDateValue,
            string departmentValue,
            string majorValue
        ) public {
            Diploma diploma = new Diploma(ownerValue, timestampValue, typeValue,
                nameValue, sidValue, startDateValue, endDateValue);
            diploma.setDiplomaData(departmentValue, majorValue);
            emit CreateLog(diploma, timestampValue);
        }
    }
```

（3）毕业证合约编写

毕业证合约的私有成员变量如图 3-1-12 所示。和学生证 ID 类似，毕业证包括上述定义的属性，同时也定义了错误码及状态改变的相关事件。

```
1    pragma solidity ^0.4.25;
2
3    /**
4     * @title Student ID
5     * Student ID on chain, including all schooling record history.
6     */
7
8    contract Diploma {
9        address private owner;
10       address private issuer;
11
12       uint256 private timestamp;
13       uint256 private trtype;
14       string private name;
15       string private sid;
16       string private department;
17       string private major;
18       uint256 private startDate;
19       uint256 private endDate;
20
21       bool private revoked;
22
23       uint256 private RET_SUCCESS = 0;
24
25       event StateChanged(uint256 retCode, string state, bool stateNew);
26
```

图 3-1-12　毕业证合约私有成员变量

毕业证的创建相关函数如图 3-1-13 所示。将传入的最外层发送者（tx. origin）作为该毕业证的颁发者（issuer）。毕业证创建一般是通过培训机构调用工厂合约间接创建毕业证。在这种情形下，tx. origin 为培训机构、msg. sender 为工厂合约，因此需要使用 tx. origin 来确认权限。进而在函数中要求，只有当 issuer 同时是 tx. origin 时，才能够正确地设置详细信息。

设置撤销状态函数如图 3-1-14 所示。由于设置状态不需要通过工厂合约中转（对状态和属性的修改一般为直接对合约进行操作），只需要使用 msg. sender 去检查权限并设置状态。

```
27        constructor (
28            address ownerValue,
29            uint256 timestampValue,
30            uint256 typeValue,
31            string nameValue,
32            string sidValue,
33            uint256 startDateValue,
34            uint256 endDateValue
35        ) public {
36            issuer = tx.origin;
37            owner = ownerValue;
38            timestamp = timestampValue;
39            trtype = typeValue;
40            name = nameValue;
41            sid = sidValue;
42            startDate = startDateValue;
43            endDate = endDateValue;
44            revoked = false;
45        }
46
47        function setDiplomaData(
48            string departmentValue,
49            string majorValue
50        ) public {
51            if (tx.origin != issuer) {
52                return;
53            }
54            department = departmentValue;
55            major = majorValue;
56        }
57
```

图 3-1-13　毕业证合约毕业证创建相关函数

```
58        function setRevoked(bool status) public {
59            if (msg.sender != issuer) {
60                return;
61            }
62            revoked = status;
63            emit StateChanged(RET_SUCCESS, "revoke", status);
64        }
```

图 3-1-14　毕业证合约中设置撤销状态函数

获取毕业证属性的函数如图 3-1-15 所示，直接返回其所有成员变量属性域。毕业证合约完整代码如下。

```
66        function getAllInfo() public view returns (address, address, uint256, uint256, string, string,
67        string, string, uint256, uint256, bool) {
68            return (owner, issuer, timestamp, trtype, name, sid, department, major, startDate, endDate, revoked);
69        }
70    }
71
```

图 3-1-15　毕业证合约中获取毕业证属性函数

```
pragma solidity ^0.4.25;

/**
 * @ title Student ID
 * Student ID on chain, including all schooling record history
 */
```

```
contract Diploma {
    address private owner;
    address private issuer;

    uint256 private timestamp;
    uint256 private trtype;
    string private name;
    string private sid;
    string private department;
    string private major;
    uint256 private startDate;
    uint256 private endDate;

    bool private revoked;

    uint256 private RET_SUCCESS = 0;

    event StateChanged(uint256 retCode, string state, bool stateNew);

    constructor (
        address ownerValue,
        uint256 timestampValue,
        uint256 typeValue,
        string nameValue,
        string sidValue,
        uint256 startDateValue,
        uint256 endDateValue
    ) public {
        issuer = tx.origin;
        owner = ownerValue;
        timestamp = timestampValue;
        trtype = typeValue;
        name = nameValue;
        sid = sidValue;
        startDate = startDateValue;
        endDate = endDateValue;
        revoked = false;
    }

    function setDiplomaData(
        string departmentValue,
        string majorValue
    ) public {
        if (tx.origin ! = issuer) {
            return;
        }
        department = departmentValue;
```

```
        major = majorValue;
    }

    function setRevoked(bool status) public {
        if (msg.sender ! = issuer) {
            return;
        }
        revoked = status;
        emit StateChanged(RET_SUCCESS, "revoke", status);
    }

    function getAllInfo() public view returns (address, address, uint256, uint256, string, string,
    string, string, uint256, uint256, bool) {
        return (owner, issuer, timestamp, trtype, name, sid, department, major, startDate, endDate, re-
voked);
    }
}
```

5. 智能合约编译部署与调用

至此，完成了对毕业证查证系统中 ID 合约、毕业证工厂合约及毕业证合约的编写。这些智能合约均可在 WeBASE 中编写，并使用 WeBASE 进行合约的编译、部署与调用测试。在测试前，需要先在 WeBASE 中添加至少两个测试账户，一个账户（test1）用于 ID 合约的部署，另一个账户（test2）用于毕业证合约的部署，如图 3-1-16 所示。

图 3-1-16　在 WeBASE 中添加测试账户

（1）ID 合约编译部署与调用

完成测试账户创建后，首先进行 ID 合约的编译部署与调用测试。在 WeBASE 页面中选择编译 ID 合约，如图 3-1-17 所示。

图 3-1-17　选择编译 ID 合约

如果合约没有问题，则可以顺利完成合约的编译，并看到编译成功的提示。完成编译的 ID 智能合约，能够在 WeBASE 中看到合约的地址（contractAddress）、合约名称（contractName）、合约的 ABI 及 BIN，如图 3-1-18 所示。

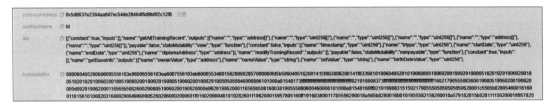

图 3-1-18　ID 合约编译成功显示信息

当智能合约编写过程中出现问题，则会显示编译失败。假如 ID 合约编写过程中没有定义 name 学生信息字段，进行编译则会出现错误，如图 3-1-19 所示。通过合约的编译，可以查验智能合约代码编写是否存在明显错误。

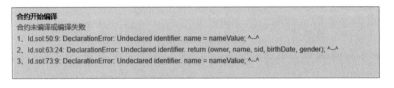

图 3-1-19　ID 合约编译失败示例（缺少 name 字段定义）

当 ID 合约顺利完成编译后，便可进入 ID 合约的部署测试。在 WeBASE 中单击"部署"按钮，如图 3-1-20 所示。

图 3-1-20　部署 ID 合约

在进行 ID 合约部署时，需要进行部署的账户（test1）测试，并且根据 ID 合约的设计，对部署的 ID 进行 ownerValue、nameValue、sidValue、birthDateValue 及 genderValue 参数初始化，如图 3-1-21 所示。

当 ID 合约部署时输入正确的字段参数，可以成功完成部署操作，并获得部署成功的提示，如图 3-1-22 所示。如果输入的参数有误，系统会提示合约参数错误，可以根据提示，调整输入的参数，直到部署成功。

图 3-1-21　ID 合约部署字段参数初始化示例

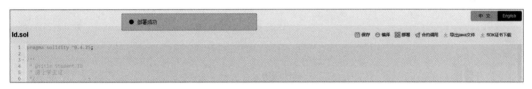

图 3-1-22　ID 合约部署成功提示

完成 ID 合约的部署后，可以测试 ID 合约的接口调用。对于 ID 合约而言，其拥有获取基本信息接口（getBaseInfo）、修改基本信息接口（setName）、添加学历记录接口（addTrainingRecord）、修改学历记录接口（modifyTrainingRecord）、获取全部学历记录接口（getAllTrainingRecord），如图 3-1-23 所示。

图 3-1-23　ID 合约可调用接口

① 获取基本信息接口的调用方法如下。

在 ID 合约的接口中，getBaseInfo 与 getAllTrainingRecord 接口只用于返回信息。因此，getBaseInfo 接口调用无须设置参数，调用结果将直接返回该用户基本信息，如图 3-1-24 所示。

图 3-1-24　ID 合约获取基本信息接口调用交易回执

② 修改基本信息接口的调用方法如下。

不同于 getBaseInfo 接口，setName 接口需要提供对应的 nameValue 参数，如图 3-1-25 所示。

图 3-1-25　ID 合约修改基本信息接口的调用

当 setName 接口成功被调用后，将得到 message 状态为 Success、statusOK 状态为 true 的成功回执。

通过再次调用 getBaseInfo 接口，从交易回执中可以看出，学生名已由 testUser 更改为 userChanged，如图 3-1-26 所示。

③ 添加学历记录接口的调用方法如下。

调用 addTrainingRecord 接口同样需要设定对应参数，相关页面如图 3-1-27 所示。

图 3-1-26　ID 合约修改基本信息接口调用结果示例

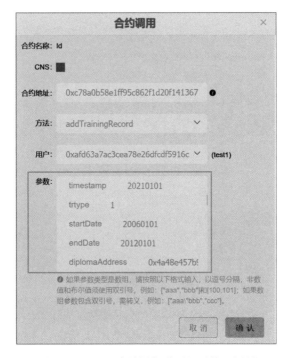

图 3-1-27　ID 合约添加学历记录接口调用

注意，addTrainingRecord 接口调用时需要使用学历的地址（diplomaAddress）。因此，在调用该接口前应先部署毕业证合约并获得对应的地址。当 addTrainingRecord 接口成功被调用后，将得到 message 状态为 Success、statusOK 状态为 true 的成功回执。

④ 获取全部学历记录接口的调用方法如下。

与 getBaseInfo 接口调用方法相同，getAllTrainingRecord 接口只用于返回信息。因此，getAllTrainingRecord 接口调用将直接返回全部学历信息，如图 3-1-28 所示。

⑤ 修改学历记录接口的调用方法如下。

ID 合约中最后一个接口便是 modifyTrainingRecord 接口。传入用户和毕业证合约地址后可确定需要修改的毕业证，在合约调用者输入需要修改的参数后，可完成该合约调用，如图 3-1-29 所示。

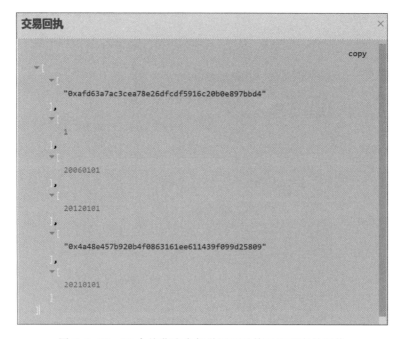

图 3-1-28 ID 合约获取全部学历记录接口调用交易回执

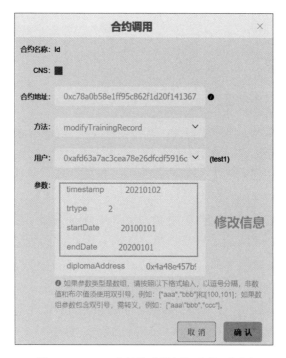

图 3-1-29 ID 合约修改学历记录接口调用

成功调用 modifyTrainingRecord 接口后，将得到 message 状态为 Success、statusOK 状态为 true 的成功回执。

（2）毕业证合约编译部署与调用

毕业证合约的编译部署的调用方法与 ID 合约操作相似。通过 WeBASE 的编译工具，可以完成对毕业证合约的编译并得到编译成功回执，如图 3-1-30 所示。

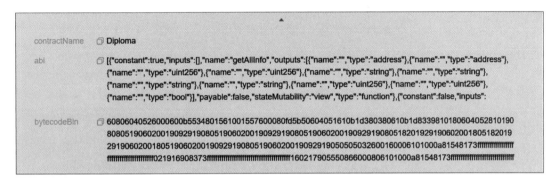

图 3-1-30　毕业证合约编译成功显示信息

毕业证合约的部署需要根据毕业证合约设置的对应字段提供合法的参数，如图 3-1-31 所示。当提供的参数不符合毕业证合约字段要求时，将显示部署错误。

图 3-1-31　毕业证合约部署示例

合约调用中毕业证合约拥有获取全部详细信息接口（getAllInfo）、设置毕业证详细信息接口（setDiplomaData）及设置撤销状态接口（setRevoked），如图 3-1-32 所示。

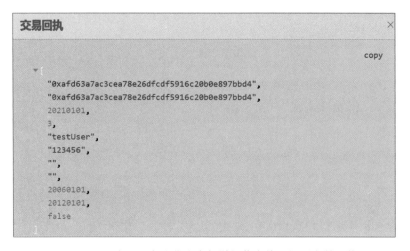

图 3-1-32　毕业证合约可调用接口

① 获取全部详细信息接口的调用方法如下。

如图 3-1-33 所示，getAllInfo 接口无须设置参数，直接返回 testUser 的毕业证信息。

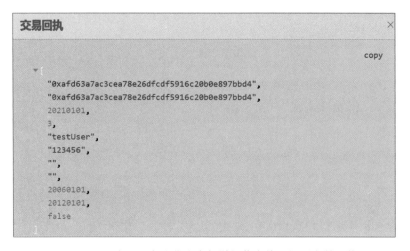

图 3-1-33　毕业证合约获取全部详细信息接口调用交易回执

② 设置毕业证详细信息接口的调用方法如下。

setDiplomaData 接口的调用需要用户指定毕业证中系（departmentValue）与专业（majorValue）的详细信息作为参数。这里以人工智能系区块链专业为例，调用 setDiplomaData 设置毕业证详细信息，如图 3-1-34 所示。

在成功完成 setDiplomaData 接口调用后，将得到 message 状态为 Success、statusOK 状态为 true 的成功回执。

③ 设置撤销状态接口的调用方法如下。

setRevoked 接口将设置学位证是否被撤销的属性，因此在调用该接口时需要提供学位证的状态（status），如图 3-1-35 所示。

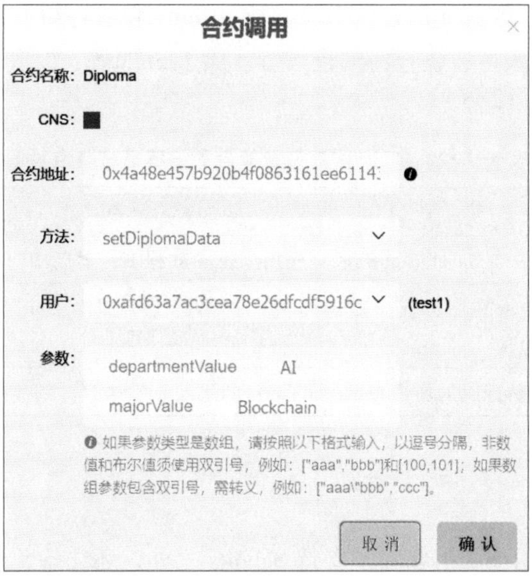

图 3-1-34 毕业证合约设置详细信息接口调用交易回执

图 3-1-35 毕业证合约设置撤销状态接口调用

当成功完成 setRevoked 接口调用后，将得到 message 状态为 Success，statusOK 状态为 true 的交易成功回执。

任务拓展

1. 智能合约编程语言

毕业证查证系统项目的核心技术是区块链与分布式数字身份，基于 FISCO BCOS+WeIdentity 实现。FISCO BCOS 所使用合约引擎支持 Solidity 智能合约编程语言。Solidity 也是目前主流且应用较广的以太坊智能合约编程语言。除了 Solidity，以太坊还支持其他智能合约编程语言，具体见表 3-1-22。

表 3-1-22　以太坊常见智能合约编程语言特点说明

语　　言	特　　点
Solidity	语法与 JavaScript 类似，应用广泛、教程多、对新用户友好
Vyper	Vyper 在逻辑上类似 Solidity，在语法上类似 Python，适合熟悉 Python 的开发用户
Yul/Yul+	更贴近以太坊虚拟机（EVM）的底层开发语言，利于从底层优化智能合约

2. 预编译合约

FISCO BCOS 所使用合约引擎除了支持 Solidity 之外，还支持预编译合约。预编译合约是受以太坊内置合约启发，在 FISCO BCOS 2.0 中实现了一套预编译合约框架，可以将更多典型业务场景抽象开发为预编译合约模板，帮助用户更快、更方便地在业务中使用 FIS-CO BCOS。

在 FISCO BCOS 的官方文档中，总结了预编译合约以下 4 点优势。

① 可访问分布式存储接口：基于该框架，用户可以访问本地数据库存储状态，实现自己需要的逻辑。

② 更好的性能表现：由于实现的 C++ 代码会编译在底层中，不需要进入 EVM 执行，可以有更好的性能。

③ 无须深入学习 Solidity 语言即可上手：基于 FISCO BCOS 预编译合约框架，用户可以使用 C++ 开发预编译合约，快速实现需要的业务逻辑，而不需要深入学习 Solidity 语言。

④ 并行模型提升处理能力：基于预编译合约和 DAG 实现了合约的并行执行。用户只需指定接口冲突域，底层会自动根据冲突域构建交易依赖关系图，根据依赖关系尽可能并行执行交易，从而使得交易处理能力提升。

3. 并行合约开发

FISCO BCOS 为 Solidity 与预编译合约提供了可并行合约开发框架。开发者只需按照框架的规范开发合约，定义好每个合约接口的互斥参数，即可实现能被并行执行的合约。

在 FISCO BCOS 的官方文档中，总结了并行合约以下两点优势。

① 高吞吐：多笔独立交易同时被执行，能最大限度利用机器的 CPU 资源，从而拥有较高的 TPS。

② 可拓展：可以通过提高机器的配置来提升交易执行的性能，以支持不断扩大业务的规模。

任务 3-2　应用程序开发

任务描述

　　本任务通过分析毕业证查证系统项目设计文档，基于已完成的智能合约代码，设计毕业证查证系统接口，完成系统代码开发，使得应用系统能够接入区块链节点。通过该任务，掌握分布式商业的特点、区块链应用系统接入区块链、调用智能合约、面向对象分析与设计、数据加密及签名的操作方法。

问题引导

　　1. 选用什么编程语言进行区块链应用开发？
　　2. 区块链应用程序如何调用智能合约？
　　3. 区块链应用系统项目如何划分代码模块与结构？
　　4. 区块链应用系统开发如何设计功能接口？
　　5. 应用开发应该选用结构化设计还是面向对象设计？
　　6. 如何实现应用系统中的数据安全及隐私保护？

知识准备

1. 应用系统连入区块链

　　智能合约代码提供了对区块链直接进行操作的执行结果，但一般生产上的业务系统都是使用高级语言开发。Java 语言是目前流行的区块链应用系统开发高级语言，因此，需要使用 SDK 将智能合约代码转换为 Java 代码，通过 Java 完成配置、调用区块链的接口，并以此为基础进行开发。

　　Java 开发者具备应用程序的开发能力，但是如何通过 Java 去访问 FISCO BCOS 区块链，是一个较复杂的问题。事实上，通过 Java 访问区块链节点，只需要满足以下两个条件。

　　① 网络连接：在运行 Java 的环境下，需要能和区块链的机器相互双向联通。在生产环境中，由于区块链往往部署在内网，因此大多数情况下需要一台单独的服务器作为跳板机，只用来和本机构的区块链节点相连并部署应用程序。注意，应用程序访问的是区块链的 Channel Port（默认为 20200），而非 P2P port。

② 能够访问节点的证书：区块链系统可以接受以下类型的证书。

● 单一节点证书：当只能暴露一个节点给应用时，需要给应用程序提供该节点 conf/目录下的 ca. crt、node. key、node. crt 文件，以便访问节点。

● 多个节点的 SDK 证书：当机构管理多个节点时，可以通过给应用程序提供节点上层 sdk/目录下的 ca. crt、node. key、node. crt 文件，并配置多个节点信息，实现节点的多活访问。在这种情况下，也可以只连接单个节点，证书不用改变。

FISCO BCOS 官方推出的区块链 Java SDK——web3sdk，可以实现通过 Java 访问区块链进行交易。因此在项目开发过程中，可以通过 Gradle 引用 web3sdk，帮助基于 Java 开发的区块链应用程序访问底层区块链。

2. 应用系统调用智能合约

智能合约是由 ABI（Application Binary Interface）提供接口，由 BIN 进行二进制实现，并经由以太坊虚拟机 EVM 来执行。通过 Java 访问智能合约的原理，就是通过调用 web3sdk 的 API 接口进行以下操作。

① 部署合约：把 BIN 直接通过合约部署方法（一般为 deploy 或合约的构造方法），构造一个区块链交易并通过私钥签名，以发送交易部署到链上。

② 执行合约方法：通过合约的 ABI，传入预先设定的参数及方法名，构造一个区块链交易，并通过私钥进行签名，发送交易到区块链上。

智能合约基于 Solidity 语言进行开发。把 Solidity 的函数调用转化为 Java 语义的方法调用，并不是一件容易的事。web3sdk 提供的自动合约部署脚本 sol2java. sh，能够自动将 Solidity 合约编译为 Java 合约文件。也可使用 WeBASE 中提供的"导出 java 文件"功能，对于已经编译成功的智能合约也可转化为 Java 文件，如图 3-2-1 所示。

图 3-2-1　WeBASE 智能合约管理"导出 Java 文件"功能位置

3. 区块链应用系统模块划分

基于 Java 语言进行区块链应用系统可以使用 IntelliJ 工具创建项目并划分代码模块与结构，并使用 Gradle、Maven 等工具打包代码。

常见使用 Gradle 打包区块链应用系统应包含 build. gradle 文件用于存放项目的基本配置。与此同时，项目应包含 base、config、controller、exception、model、raw、contracts、service、util 等常见模块，具体见表 3-2-1。注意，在具体应用开发过程中，可以根据实际应用需求，对模块划分进行修改。

表 3-2-1 区块链应用系统项目常见模块划分

模　块	说　明
base	定义程序返回值错误码、枚举类等
config	定义相关配置类，用于与区块链进行交互
controller	提供功能模块中的接口
exception	定义异常处理代码，该部分代码也可以放置在 base 文件中
model	定义基础的工程 POJO 类（不包含业务逻辑的单纯用来存储数据的 Java 类）和 BO 类（Business Object，业务对象）
raw	根据智能合约编写相关的合约 Java 类
contracts	智能合约 Solidity 代码
service	服务主类，将智能合约的接口调用转换为 Java 的调用
util	工具类，加载 ECDSA 私钥文件、保存私钥为文件工具方法

4. 功能接口设计

区块链应用系统需要根据应用设计文档明确业务功能。基于业务功能，设计业务功能接口。一般而言，接口设计需要包含接口名称、功能描述、业务流程、输入输出信息、调用方等要素，具体见表 3-2-2。

表 3-2-2 业务功能接口定义要素说明

要　素	说　明
接口名称	定义该接口的名称
功能描述	描述该接口所实现的功能
业务流程与规则	说明该接口对应的业务流程
输入信息	明确该接口输入字段信息、格式及其他必要说明
输出信息	明确接口的返回值
调用方	明确该接口可能的调用方法
形成接口	定义接口

5. 应用开发程序设计

（1）结构化设计

结构化程序设计也称面向功能的程序设计方法。结构化程序设计根据系统的功能需求，自上而下进行程序的设计与开发。结构化程序设计有顺序结构、选择结构与循环结构 3 种基本结构。

① 顺序结构：程序按照系统功能需求进行设计，各功能按照代码块的排列顺序依次执行，如图 3-2-2 所示。

图 3-2-2　顺序结构流程图

通过摄氏温度与华氏温度转换的示例，如图 3-2-3 所示。顺序结构程序执行是从第一行代码开始顺序执行直到最后一条代码。

```java
1   //例9-1 顺序结构示例：请用户输入华氏温度，输出该华氏温度的摄氏温度值
2   import java.util.Scanner;
3   public class HelloWorld {
4       public static void main(String[] args) {
5           double fahrenheit,celsiusDegree;    //声明变量
6           System.out.println("请输入一个华氏度:");   //提示用户输入一个华氏温度
7           Scanner sc = new Scanner(System.in);
8           fahrenheit = sc.nextFloat();    //获取用户输入的华氏度
9           celsiusDegree = (fahrenheit-32)/1.8;    //华氏度转换为摄氏度
10          System.out.println(fahrenheit+"华氏度="+celsiusDegree+"摄氏度");   //输出转换结果
11      }
12  }
```

图 3-2-3　顺序结构示例

② 选择结构：程序按照系统功能需求进行设计，但功能程序在运行时，会根据特定的判断条件选择其中一个分支执行，如图 3-2-4 所示。

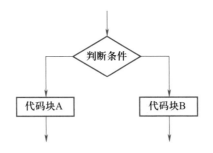

图 3-2-4　选择结构流程图

一般而言，选择结构可以细分为如下 3 个分支类型。
- 单分支（仅有 if 条件语句）。
- 双分支（if-else 条件语句）。
- 多分支结构（if-elif-else 条件语句）。

如图 3-2-5 所示，在选择结构练习（双分支）中，当用户输入的数字 n 小于 0 时，会执行 if 语句内的输出语句，否则执行 else 语句中的语句。

```
1   //例9-2 选择结构练习(双分支): 请用户输入数字,输出该数字为正数还是负数
2   import java.util.Scanner;
3   public class HelloWorld {
4       public static void main(String[] args) {
5           int n;                               //声明变量
6           System.out.println("请输入数字 n:"); //提示用户输入
7           Scanner sc = new Scanner(System.in);
8           n = sc.nextInt();                    //获取用户的数字n
9           if( n<0 ) {                          //判断用户输入是否小于0
10              System.out.print(n+" 是一个负数 ");   //n<0 时的系统输出
11          }
12          else {
13              System.out.print(n+" 是一个正数数 "); //n>0 时的系统输出
14          }
15      }
16  }
17
```

图 3-2-5　选择结构示例

③ 循环结构: 程序按照系统功能需求进行设计, 但功能程序会反复执行某个或某些操作, 直到循环条件成立 (或不成立) 时才会停止, 如图 3-2-6 所示。

图 3-2-6　循环结构流程图

一般而言, 循环结构可以分为 for 循环和 while 循环。以从数值 1 依次递增直到输出用户输入数字 n 为例, 使用 for 循环解决该问题的实现方法如图 3-2-7 所示, 使用 while 循环解决该问题的实现方法如图 3-2-8 所示。

```
1   //例9-3 循环结构练习(for循环): 用户输入一个数字n, 依次输出 1 2 3 … n
2   import java.util.Scanner;
3   public class HelloWorld {
4       public static void main(String[] args) {
5           int n;                               //声明变量
6           System.out.println("请输入数字 n:");    //提示用户输入
7           Scanner sc = new Scanner(System.in);
8           n = sc.nextInt();                    //获得用户输入的数字n
9           for(int i = 1; i<n+1; i++) {  //执行for循环内的语句n 次
10              System.out.print(i+" ");
11          }
12      }
13  }
```

图 3-2-7　for 循环示例

```
1   //例9-4 循环结构练习(while循环)：用户输入一个数字n，依次输出 1 2 3 … n
2   import java.util.Scanner;
3   public class HelloWorld {
4       public static void main(String[] args) {
5           int n,i;                            //声明变量
6           System.out.println("请输入数字 n:");   //提示用户输入
7           Scanner sc = new Scanner(System.in);
8           n = sc.nextInt();                   //获得用户输入的数字n
9           i = 1;                              //初始化计数器i 的值为1
10          while(i<n+1) { //执行for循环内的语句n 次
11              System.out.print(i+" ");
12              i = i++; //自增 计数器 i
13          }
14      }
15  }
16
```

图 3-2-8 while 循环示例

注意，在编码过程中，for 循环需要事先确定循环的次数。而 while 循环则根据循环条件判断是否继续执行循环操作，如果循环条件始终无法达到，则可能进入死循环状态。

（2）面向对象设计

结构化程序设计需要编程人员在设计程序时对算法构思非常熟悉。但这种设计方式不够直观，适应性和可扩展性差。不同于结构化程序设计自上而下的程序设计与开发思路，面向对象程序设计强调根据事物的本质特征，把它们抽象表示为系统中的类。面向对象程序中的类包含类名、类的属性及类的功能。

以面向对象程序中设计一个手机类为例，面向对象程序设计者会在观察众多手机之后，抽象出手机所应该具有的属性和功能，具体如图 3-2-9 所示。

① 属性：手机的长、宽、品牌、型号、颜色等。

② 功能：打电话、上网、拍照、发短信等。

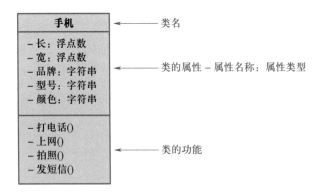

图 3-2-9 手机类示例

一个类可以通过赋予该类中各属性的值，实例化为一个类的对象。类是对象的抽象，对象是类的实例化。以手机为例，把手机类实例化为一部华为手机时，需要在实例化过程中给出具体的属性值（如品牌为华为，型号为 Mate20），如图 3-2-10 所示。

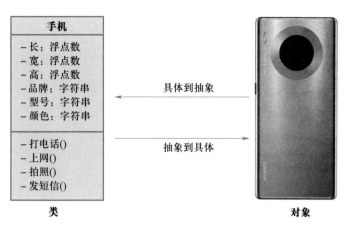

图 3-2-10　类与对象的关系

相较于结构化程序设计，面向对象程序设计具有可维护、可复用、可扩展、灵活性好等优势和特点。面向对象程序设计的 3 个基本特征如下。

① **封装性**：面向对象程序设计时，对一个类中的属性可以加上 public、private 及 protected 等访问修饰符。通过 private 访问修饰，可以将类和属性的细节进行隐藏，仅允许外部调用者通过接口进行调用，如图 3-2-11 所示。

```
1    //例9-5 类的封装性示例
2    public class Operation {
3        private double numberA;      //声明变量,访问修饰符为private,仅能通过接口访问
4        private double numberB;      //声明变量,访问修饰符为private,仅能通过接口访问
5        public double getResult() { //功能接口,用于返回result值
6            double result=0;
7            return result;
8        }
9        public void setNumberA(double numberA) { this.numberA = numberA; }
12       public void setNumberB(double numberB) { this.numberB = numberB; }
15       //getter for numberA and numberB
16   }
17
```

图 3-2-11　类的封装性示例

② **继承性**：是面向对象程序设计对比面向功能程序设计最突出的特点。在类的继承中有父类和子类。子类拥有父类非 private 的属性和方法。除此之外，子类可以拥有自己的属性和方法，并且可以用自己的方法重新实现父类的方法（重写）。在 Java 中，类的继承使用 extends 关键字。结合图 3-2-11 所示的示例，可以将 Operation 作为父类，通过继承创建一个加法类 OperationAdd，并重写父类的 getResult() 方法，返回 numberA 与 numberB 相加的结果，如图 3-2-12 所示。

③ **多态性**：指同一个行为具有不同表现形态。在面向对象程序设计中，多态性的实现需要存在继承关系，需要子类对父类某些方法进行重写，以及基于父类类型对象变量进行编程（父类引用指向子类对象）。

```
1   //例9-6 类的继承性示例
2   public class OperationAdd extends Operation{ //extends 关键字, 继承父类Operation的非private方法
3       public double getResult() { //重写父类getReuslt方法
4           double result=super.getNumberA()
5               +super.getNumberB();
6           return result;
7       }
8   }
9
```

图 3-2-12　类的继承性示例

6. 数据隐私保护

在区块链应用系统开发过程中，对需要保护的数据提供了多种数据加密算法及数据签名算法。在区块链系统中，节点通信信道的建立、签名的生成、数据的加密等，都需要用到与密码学相关的算法，具体如下。

（1）数据哈希算法

哈希函数是一类单向函数，作用是将任意长度的消息转换为定长的输出值，具有单向性、无碰撞性、确定性、不可逆等性质。在区块链中，哈希函数用于将消息压缩成定长输出，以及保证数据真实性，确保数据未被修改。sha256 是区块链系统中使用最多的数据哈希算法。利用 WeBASE 中"Hash 计算器"在线工具可以测试 sha256 算法。以输入文本 test 为例，经过 sha256 哈希算法加密，得到的结果，如图 3-2-13 所示。

图 3-2-13　WeBASE Hash 计算器加密示例

（2）数据加密解密算法

加密解密算法主要分为对称加密和非对称加密两种。针对不同的需求，两者可以互相配合，组合使用。

● 对称加密速度快、效率高、加密强度高，使用时需要提前协商密钥，主要应用于对大规模数据进行加密，如对 FISCO BCOS 节点数据落盘时进行的加密。在 FISCO BCOS 中，使用的对称加密主要为高级加密标准（Advanced Encryption Standard，AES）。

● 非对称加密具有无须协商密钥的特点，相较于对称加密计算效率较低，存在中间人攻击等缺陷，主要用于密钥协商的过程。在 FISCO BCOS 中，主要采用椭圆曲线迪菲-赫尔曼密钥交换（Elliptic Curve Diffie-Hellman key Exchange，ECDH）及 RSA 非对称加密算法对数据进行加密。

（3）消息签名的生成和验证

在区块链中，需要对消息进行签名，用于消息防篡改和身份验证。例如，节点共识过程中，需要对其他节点的身份进行验证，节点需要对链上交易数据进行验证等。一般签名算法包括群签名和环签名。

① **群签名（Group Signature）**：是一种能保护签名者身份具有相对匿名性的数字签名方案，用户可以代替自己所在的群对消息进行签名，而验证者可以验证该签名是否有效，但是并不知道签名属于哪一个群成员。同时，用户无法滥用这种匿名行为，因为群管理员可以通过群主私钥打开签名，暴露签名的归属信息。群签名的特性如下。

● 匿名性：群成员用群参数产生签名，其他人仅可验证签名的有效性，并通过签名知道签名者所属群组，却无法获取签名者身份信息。

● 不可伪造性：只有群成员才能生成有效可被验证的群签名。

● 不可链接性：给定两个签名，无法判断它们是否来自同一个签名者。

● 可追踪性：在监管介入的场景中，群主可通过签名获取签名者身份。

② **环签名（Ring Signature）**：是一种特殊的群签名方案，但具备完全匿名性，即不存在管理员这个角色，所有成员可主动加入环，且签名无法被打开。环签名的特性如下。

● 不可伪造性：环中其他成员不能伪造真实签名者签名。

● 完全匿名性：没有群主，只有环成员，其他人仅可验证环签名的有效性，但没有人可以获取签名者身份信息。

在标准版 FISCO BCOS 中，主要采用 ECDSA 作为签名算法，通过 WeBASE 控制台可以测试数字签名结果。以用户 test1 对文本 test 的哈希值进行签名为例，获得的结果（v、r、s）则可以对签字信息进行验证，如图 3-2-14 所示。

图 3-2-14 WeBASE Hash 签名示例

（4）零知识证明

零知识协议是一种方法，其中一方（验证方）可以向另一方（验证方）证明某件事是真的。除了该特定声明是真的以外，不透露任何信息。零知识协议支持在分布式区块链网络上转移资产，并具有完全的隐私性。

（5）国密算法（国家密码管理局认定的国产密码算法）

针对具有可信要求的区块链应用系统，FISCO BCOS 系统提供了国密版，还采用国密算法，实现安全可控的区块链架构。

国密算法由国家密码局发布，包含 SM1、SM2、SM3、SM4 等，为我国自主研发的密码算法标准。由于国产密码学算法自主可控、易用性、稳定性强，金链盟基于国产密码学标准，实现了国密加解密、签名、验签、哈希算法、国密 SSL 通信协议，并将其集成到 FISCO BCOS 平台中，实现了对国家密码局认定的商用密码的完全支持。国密版 FISCO BCOS 将交易签名验签、P2P 网络连接、节点连接、数据落盘加密等底层模块的密码学算法均替换为国密算法。

国密版 FISCO BCOS 节点之间的认证选用国密 SSL 1.1 的 ECDHESM4SM3 密码套件进行 SSL 链接的建立，OpenSSL 与国密 SSL 差异见表 3-2-3。

表 3-2-3　FISCO BCOS 节点认证 OpenSSL 与国密 SSL 差异说明

算法类型	OpenSSL	国密 SSL
加密套件	采用 ECDH、RSA、SHA-256、AES256 等密码算法	采用国密算法
PRF 算法	SHA-256	SM3
密钥交换方式	传输椭圆曲线参数及当前报文的签名	当前报文的签名和加密证书
证书模式	OpenSSL 证书模式	国密双证书模式，分别为加密证书和签名证书

标准版与国密版 FISCO BCOS 在数据结构上的差异见表 3-2-4。

表 3-2-4　标准版与国密版 FISCO BCOS 数据结构差异说明

算法类型	标准版 FISCO BCOS	国密版 FISCO BCOS
签名	ECDSA（公钥长度：512 bit，私钥长度：256 bit）	SM2（公钥长度：512 bit，私钥长度：256 bit）
哈希	SHA3（哈希串长度：256 bit）	SM3（哈希串长度：256 bit）
对称加解密	AES（加密密钥长度：256 bit）	SM4（对称密钥长度：128 bit）
交易长度	520 bit（其中标识符长度：8 bit，签名长度：512 bit）	1024 bit（128 字节，其中公钥长度：512 bit，签名长度：512 bit）

因此，进行区块链应用系统开发可以根据实际系统的需求，选择合适的数据加密及签名算法。

任务实施

1. 毕业证查证系统模块划分

通过对毕业证查证系统的分析，结合已经完成编码的 ID 合约、毕业证工厂合约及毕业证合约，主要考虑对于学生证 ID 相关服务及毕业证相关应用服务设计功能接口。因此，可以将应用系统按照 base、config、controller、exception、model、raw、service、utils 模块进行划分和设计，具体见表 3-2-5。

表 3-2-5　毕业证查证系统模块划分说明

模　块	说　明
base	定义接口返回的错误码及返回值常量
config	管理 Contract、SDKBean 与 System 等配置
controller	提供功能模块中的接口，主要提供交易接口
exception	定义应用异常处理相关代码
model	毕业证 POJO 类 DiplomaInfo. java 学生 ID POJO 类 IdInfo. java 培训记录 POJO 类 TrainingRecord. java Bo 定义文凭和学生 ID 业务对象类 定义常见返回数据和反映实体
Service	提供学校、ID 和毕业证的 Interface 接口类 定义学校账号初始化、学校毕业证模板初始化、学校注册模板接口方法 定义学生 ID 创建方法
util	主要使用的输入输出（IO）工具方法

基于以上模块划分，可以设置对应的毕业证查证系统的包名为包 org. fiscobcos. quiz。在 IntelliJ 中创建工程的模块及文件如图 3-2-15 所示，其中用于存放 solidity 智能合约的代码放置在系统包之外。

在本地实验搭建过程中，需要将 SDK 中的证书替换为本地生成的 ca. crt、sdk. crt 和 sdk. key，如图 3-2-16 所示。

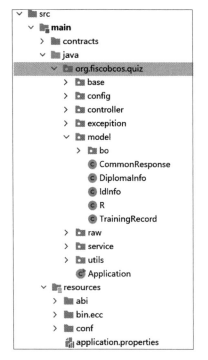

图3-2-15　IntelliJ中系统模块划分情况说明　　　图3-2-16　替换SDK证书

　　还需要将配置文件 application. properties 中的节点链接地址修改为本地的节点链接地址，如图3-2-17所示。

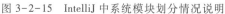

```
1    ### Required, node's {ip:port} to connect.
2    system.peers=192.168.239.135:20210
3    ### Required
4    system.groupId=1
5    ### Optional. Default will search conf,config,src/main/conf/src/main/config
6    system.certPath=conf,config,src/main/resources/conf,src/main/resources/config
7    ### Optional. If don't specify a random private key will be used
8    system.hexPrivateKey=7b8d20c214f179c6c164c614960cdba73da37786b7b696cba02134d0450f7e05
9    ### Optional. Please fill this address if you want to use related service
10   system.contract.idAddress=
11   ### Optional. Please fill this address if you want to use related service
12   system.contract.diplomaFactoryAddress=0xad5d7afdf38c93562bc28ff1822607e620286810
13   ### Optional. Please fill this address if you want to use related service
14   system.contract.diplomaAddress=
15   ### ### Springboot server config
16   server.port=8088
17   server.session.timeout=60
18   banner.charset=UTF-8
19   spring.jackson.date-format=yyyy-MM-dd HH:mm:ss
20   spring.jackson.time-zone=GMT+8
21
```

图3-2-17　修改节点链接地址

2. 毕业证查证系统功能接口设计

完成模块划分后，可以设计毕业证查证系统功能接口，功能接口都保存在 controller 模块中。由于毕业证查证系统主要处理学生 ID 和毕业证信息，分别创建 IdController 和 DiplomaController 文件，设计并管理学生 ID 和毕业证相关接口。

（1）学生 ID 功能相关接口设计

学生 ID 功能相关接口可在 IdController 配套文件中查看完整代码。

1）身份创建接口

① 功能描述：用于创建学生 ID 的基本信息。

② 业务流程与规则如下。

- 根据 IdInfo Pojo 类的定义，持有格式正确的学生信息。
- 调用 IdService 中的 createStudentId 方法。
- 返回用于存放合约地址、学生私钥、学生地址等信息的 HashMap。

③ 输入信息：具体见表 3-2-6。

表 3-2-6 身份创建接口输入信息字段说明

字　　段	子字段	必　　填	描　　述	格　　式
学生信息	—	是	学生地址、名字、ID 等	IdInfo

④ 输出信息：具体见表 3-2-7。

表 3-2-7 身份创建接口输出信息字段说明

字　　段	子字段	描　　述	格　　式
map	—	ID 完整信息	HashMap

⑤ 调用方为学校。

⑥ 形成接口如下所示。

```
// 创建学生 ID 信息
@ PostMapping("/createId")
public R createStudentId(@ RequestBody IdInfo idInfo) {
    Map map = idService.createStudentId(idInfo);
    return R.ok().put("data", map);
}
```

2）ID 获取接口

① 功能描述：用于获取学生的基础信息（不包含学历记录）。

② 业务流程与规则如下。

- 持有学生合约地址。
- 调用 IdService 中的 getBaseInfo 方法。
- 返回学生 ID 信息 POJO 类 IdInfo。

③ 输入信息：具体见表 3-2-8。

表 3-2-8　ID 获取接口输入信息字段说明

字　　段	子字段	必　　填	描　　述	格　　式
学生合约地址	—	是	合约地址	String

④ 输出信息：具体见表 3-2-9。

表 3-2-9　ID 获取接口输出信息字段说明

字　　段	子字段	描　　述	格　　式
IdInfo	—	ID 完整信息	IdInfo

⑤ 调用方为学校、学生。

⑥ 形成接口如下所示。

```
// 获取 ID 详细信息
@ GetMapping("/getBaseInfo/{contractAddress}")
public R getBaseInfo(@ PathVariable String contractAddress) {
    IdInfo idInfo = idService.getBaseInfo(contractAddress);
    return R.ok().put("data", idInfo);
}
```

3）查询 ID 全部学历记录接口

① 功能描述：用于获取学生的所有信息（包含学历记录）。

② 业务流程与规则如下。

- 持有学生合约地址。
- 调用 IdService 中的 getAllTrainingRecord 方法，通过合约地址获取 ID 详细信息。
- 返回全部培训记录。

③ 输入信息：与 ID 获取接口输入信息相同，见表 3-2-8。

④ 输出信息：具体见表 3-2-10。

表 3-2-10　查询 ID 全部学历记录接口输出信息字段说明

字　　段	子字段	描　　述	格　　式
TrainingRecord	—	全部学历记录	List

⑤ 调用方为学校、学生。

⑥ 形成接口如下所示。

```
// 查询全部学历记录信息
@ GetMapping("/getAllTrainingRecord/{contractAddress}")
public R getAllTrainingRecord(@ PathVariable String contractAddress) {
    List<TrainingRecord> trainingRecord = idService.getAllTrainingRecord(contractAddress);
    return R.ok().put("data", trainingRecord);
}
```

4）ID 新增学历记录接口

① 功能描述：用于写入学生的学历记录。

② 业务流程与规则如下。

• 持有机构增加学历记录相关信息包括 ID 地址、学历地址、学历类型等信息。所需要的学历增加信息可以存放在业务对象类 IdAddTrainingRecordInputBO 中。

• 调用 IdService 中的 addTrainingRecord 方法，根据合约地址和机构私钥获取合约类，再调用合约 addTrainingRecord 方法，基于 ABI 执行交易回执。

• 返回是否成功增加学历记录（布尔值）。

③ 输入信息：具体见表 3-2-11。

表 3-2-11　ID 新增学历记录接口输入信息字段说明

字　　　段	子字段	必　填	描　　述	格　　式
IdAddTrainingRecordInputBO	—	是	新增学历信息	BO 业务对象类
	timestamp	是	学历发布时间	BigInteger
	trtype	是	学历类型	BigInteger
	startDate	是	学历开始时间	BigInteger
	endDate	是	学历结束时间	BigInteger
	diplomaAddress	是	学历地址	String
	contractAddress	是	合约地址	String
	issuerHexPrivagtKey	是	机构私钥	String

④ 输出信息：修改成功返回 true，否则返回 false。

⑤ 调用方为学校。

⑥ 形成接口如下所示。

```
// 机构添加学历记录
@ PostMapping("/addTrainingRecord")
public R addTrainingRecord(@ RequestBody IdAddTrainingRecordInputBO
idAddTrainingRecordInputBO) throws ABICodecException, TransactionException, IOException {
    // 参数校验
    Boolean b = idService. addTrainingRecord(idAddTrainingRecordInputBO);
    if (b) {
        return R. ok();
    }
    return R. error();
}
```

5）ID 修改学历记录接口

① 功能描述：用于修改学生的学历记录。

② 业务流程与规则如下。

- 持有机构修改学历记录相关信息，包括 ID 地址、学历地址、学历类型等信息。所需要的学历修改信息可以存放在业务对象类 IdModifyTrainingRecordInputBO 中。
- 调用 IdService 中的 modifyTrainingRecord 方法。
- 返回是否成功修改学历（布尔值）。

③ 输入信息：具体见表 3-2-12。

表 3-2-12　ID 修改学历记录接口输入信息字段说明

字　　段	子字段	必　填	描　　述	格　　式
IdModifyTrainingRecordInputBO	—	是	修改学历信息	BO 业务对象类
	timestamp	是	学历发布时间	BigInteger
	trtype	是	学历类型	BigInteger
	startDate	是	学历开始时间	BigInteger
	endDate	是	学历结束时间	BigInteger
	diplomaAddress	是	学历地址	String
	contractAddress	是	合约地址	String
	issuerHexPrivateKey	是	机构私钥	String

④ 输出信息：修改成功返回 true，否则返回 false。

⑤ 调用方为学校。

⑥ 形成接口如下所示。

```
// 机构修改学历记录信息
@ PostMapping( "/modifyTrainingRecord")
public R modifyTrainingRecord( @ RequestBody IdModifyTrainingRecordInputBO
idModifyTrainingRecordInputBO) throws ABICodecException, TransactionException, IOException {
    Boolean b = idService.modifyTrainingRecord( idModifyTrainingRecordInputBO);
    if ( b) {
        return R. ok();
    }
    return R. error();
}
```

（2）毕业证管理功能相关接口设计

毕业证管理功能相关接口可在 DiplomaController 配套文件中查看完整代码。

1）毕业证创建接口

① 功能描述：通用接口，用于毕业证的创建。

② 业务流程与规则如下。

- 持有创建毕业证相关信息，包括机构私钥、毕业证工厂合约地址、毕业证类型等信息。所需要的毕业证创建相关信息可以存放在业务对象类 DiplomaFactoryCreateBasic-DiplomaInputBO 中。

- 调用 DiplomaService 中的 createBasicDiploma 方法。
- 返回 Diploma 合约地址。

③ 输入信息：具体见表 3-2-13。

表 3-2-13　毕业证创建接口输入信息字段说明

字　　段	子字段	必　填	描　　述	格　　式
DiplomaFactoryCreateBasicDiplomaInputBO	—	是	包含毕业证创建相关信息，例如时间，所有者信息等。	业务对象类

④ 输出信息：具体见表 3-2-14。

表 3-2-14　毕业证创建接口输出信息字段说明

字　　段	子字段	描　　述	格　　式
resultMap	—	Diploma 合约地址	Map

⑤ 调用方为学校。

⑥ 形成接口如下所示。

```
// 机构创建文凭信息
@ PostMapping("/createBasicDiploma")
public R createBasicDiploma(@ RequestBody
DiplomaFactoryCreateBasicDiplomaInputBO createBasicDiplomaInputBO) throws
ABICodecException, TransactionException, IOException {
    Map map = diplomaService. createBasicDiploma(createBasicDiplomaInputBO);
    return R. ok(). put("data", map);
}
```

2）毕业证状态修改接口

① 功能描述：支持任何机构修改毕业证状态。

② 业务流程与规则如下。

- 持有修改毕业证状态相关信息，包括机构私钥、毕业证合约地址、状态等信息。所需要的毕业证状态修改相关信息可以存放在业务对象类 DiplomaSetRevokedInputBO 中。
- 调用 DiplomaService 中的 setRevoked 方法。
- 返回 Diploma 合约地址。

③ 输入信息：具体见表 3-2-15。

表 3-2-15　毕业证状态修改接口输入信息字段说明

字　　段	子字段	必　填	描　　述	格　　式
DiplomaSetRevokedInputBO	—	是	包含状态、合约地址、机构私钥等信息	业务对象类 BO

④ 输出信息：状态修改成功返回 true，否则返回 false。

⑤ 调用方为学校机构。

⑥ 形成接口如下所示。

```
// 机构修改文凭状态
@ PostMapping("/setRevoked")
public R setRevoked(@ RequestBody DiplomaSetRevokedInputBO
setRevokedInputBO) throws ABICodecException, TransactionException,
IOException {
    Boolean b = diplomaService. setRevoked(setRevokedInputBO);
    if (b) {
        return R. ok();
    }
    return R. error();
}
```

3）获取全部毕业证接口

① 功能描述：学校获取全部毕业证。

② 业务流程与规则如下。

● 持有毕业证合约地址。

● 调用 DiplomaService 中的 getAllInfo 方法。

● 返回 POJO 类 DiplomaInfo。

③ 输入信息：具体见表 3-2-16。

表 3-2-16 获取全部毕业证接口输入信息字段说明

字　　段	子字段	必　　填	描　　述	格　　式
contractAddress	—	是	毕业证合约地址	String

④ 输入信息：具体见表 3-2-17。

表 3-2-17 获取全部毕业证接口输出信息字段说明

字　　段	子字段	描　　述	格　　式
DiplomaInfo	—	毕业证完整信息	DiplomaInfo

⑤ 调用方为学校机构。

⑥ 形成接口如下所示。

```
// 根据合约地址获取文凭详情
@ GetMapping("/getAllInfo/{contractAddress}")
public R getAllInfo(@ PathVariable String contractAddress) {
    DiplomaInfo diplomaInfo = diplomaService. getAllInfo(contractAddress);
    return R. ok(). put("data", diplomaInfo);
}
```

3. 数据保护

在项目开发过程中，如学生 ID 等上链信息需要进行一定的加密以保护用户隐私。

对于需要使用签名算法 ECDSA 进行 ID 签名的信息，可以直接使用 org. fisco. bcos. sdk. crypto. keypair 中提供的方法实现。其中，使用 keypair 包中的 ECDSAKeyPair 能够直接生成对应的私钥和公钥。如果需要使用国密算法，只需要将 keypair 包下的 ECDSAKeyPair 更换为 SM2KeyPair。通过创建 DemoPKey. java 文件可以进行测试。

```java
public class DemoPkey {

    @ Test
    public void keyGeneration( ) throws Exception {
        //ECDSA key generation
        CryptoKeyPair ecdsaKeyPair = new ECDSAKeyPair( ). generateKeyPair( );
        System. out. println( "ecdsa private key :" +ecdsaKeyPair. getHexPrivateKey( ));
        System. out. println( "ecdsa public key :" +ecdsaKeyPair. getHexPublicKey( ));
        System. out. println( "ecdsa address :" +ecdsaKeyPair. getAddress( ));
        //SM2 key generation
        CryptoKeyPair sm2KeyPair = new SM2KeyPair( ). generateKeyPair( );
        System. out. println( "sm2 private key :" +sm2KeyPair. getHexPrivateKey( ));
        System. out. println( "sm2 public key :" +sm2KeyPair. getHexPublicKey( ));
        System. out. println( "sm2 address :" +sm2KeyPair. getAddress( ));
    }

}
```

4. 毕业证查证系统功能接口伪代码设计

（1）学生 ID 管理

1）ID 创建

学生 ID 的创建主要是通过 FISCO BCOS 的 SDK 中自带的 CryptoPair 函数随机生成学生的私钥和地址，随机生成 UUID 作为学生 ID，再部署合约将信息上链。关键伪代码如下。

```java
// 随机生成学生私钥及地址
CryptoKeyPair keyPair = client. getCryptoSuite( ). createKeyPair( );
// 学生私钥
String studentHexPrivateKey = keyPair. getHexPrivateKey( );
// 学生地址
String studentAddress = keyPair. getAddress( );
// 随机生成 UUID 作为学生 ID
String uuid = UUID. randomUUID( ). toString( );
// 部署合约 将信息上链
try {
    IdSolidity idSolidity = IdSolidity. deploy( client,
```

```
                                                keyPair,
                                                studentAddress,
                                                idInfo. getName( ),
                                                uuid,
BigInteger. valueOf( idInfo. getBirthDate( ) ) ,
                                                idInfo. getGender( ) ) ;
        Map<String, String> resultMap = new HashMap<String, String>( ) ;
        // 合约地址
        resultMap. put( "contractAddress" , idSolidity. getContractAddress( ) ) ;
        // 学生私钥
        resultMap. put( "studentHexPrivateKey" , studentHexPrivateKey) ;
        // 学生地址
        resultMap. put( "studentAddress" , studentAddress) ;
          return resultMap;
    |   catch ( ContractException e ) |
        throw new StudentCustomException( ExecptionEnum. SOLIDITY_ERROR. getCode( ) ,
ExecptionEnum. SOLIDITY_ERROR. getMsg( ) ) ;
    |
```

2）获取 ID

在 IdService 类的 getBaseInfo 函数中，通过合约地址获取合约类，继而调用合约 get-BaseInfo 方法，获得合约地址 ID 详细信息。关键伪代码如下。

```
// 根据合约地址获取合约类
IdSolidity idSolidity = IdSolidity. load( contractAddress, client,
client. getCryptoSuite( ). getKeyPairFactory( ) ) ;

// 调用合约 getBaseInfo 方法
try {
    Tuple5<String, String, String, BigInteger, Boolean> tuple = idSolidity. getBaseInfo( ) ;
    String ownerValue = tuple. getValue1( ) ;
    String nameValue = tuple. getValue2( ) ;
    String sidValue = tuple. getValue3( ) ;
    BigInteger birthDateValue = tuple. getValue4( ) ;
    Boolean genderValue = tuple. getValue5( ) ;

    IdInfo idInfo = new IdInfo( ) ;
    idInfo. setOwner( ownerValue) ;
    idInfo. setName( nameValue) ;
    idInfo. setSid( sidValue) ;
    idInfo. setBirthDate( birthDateValue. intValue( ) ) ;
    idInfo. setGender( genderValue) ;

    return idInfo;
| catch ( ContractException e ) |
```

```
        throw new StudentCustomException( ExecptionEnum. SOLIDITY_ERROR. getCode( ), ExecptionEnum. SO-
LIDITY_ERROR. getMsg( ));
}
```

3）修改 ID 就读记录

在 IdService 类的 modifyTrainingRecord 函数中，先进行参数校验，然后根据合约地址和机构私钥获取合约类，再调用合约 modifyTrainingRecord 方法，最后基于 ABI 执行交易回执。关键伪代码如下。

```
// 参数校验
if ( StringUtils. isEmpty( idModifyTrainingRecordInputBO. getContractAddress( )) ||
        StringUtils. isEmpty( idModifyTrainingRecordInputBO. getDiplomaAddress( )) ||
StringUtils. isEmpty( idModifyTrainingRecordInputBO. getIssuerHexPrivateKey( )) ||
        StringUtils. isEmpty( idModifyTrainingRecordInputBO. getStartDate( )) ||
        StringUtils. isEmpty( idModifyTrainingRecordInputBO. getEndDate( )) ||
        StringUtils. isEmpty( idModifyTrainingRecordInputBO. getTimestamp( )) ||
        StringUtils. isEmpty( idModifyTrainingRecordInputBO. getTrtype( )))
{
    throw new StudentCustomException( ExecptionEnum. INPUT_ERROR. getCode( ), ExecptionEnum. INPUT_
ERROR. getMsg( ));
}
// 根据合约地址和机构私钥获取合约类
String contractAddress = idModifyTrainingRecordInputBO. getContractAddress( );
String issuerHexPrivateKey = idModifyTrainingRecordInputBO. getIssuerHexPrivateKey( );

IdSolidity idSolidity = IdSolidity. load( contractAddress, client, client. getCryptoSuite( ). createKeyPair( issuer-
HexPrivateKey));

// 调用合约 modifyTrainingRecord 方法
TransactionReceipt transactionReceipt = idSolidity. modifyTrainingRecord ( idModifyTrainingRecordInput-
BO. getTimestamp( ),
idModifyTrainingRecordInputBO. getTrtype( ),
        idModifyTrainingRecordInputBO. getStartDate( ), idModifyTrainingRecordInputBO. getEndDate( ),
        idModifyTrainingRecordInputBO. getDiplomaAddress( ));

TransactionDecoderInterface decoder = new
TransactionDecoderService( client. getCryptoSuite( ));
// 基于 ABI 解析交易回执
TransactionResponse transactionResponse = decoder. decodeReceiptWithoutValues( IdABI, transactionReceipt);
```

（2）毕业证管理

1）创建毕业证

在 DiplomaService 类的 createBasicDiploma 函数中，先进行参数校验，然后获得机构私钥并通过合约地址获取 DiplomaFactory 合约类，构造 TransactionDecoderService 实例，基于 ABI 解析交易回执，最后通过事件获取 Diploma 合约的地址。关键伪代码如下。

```
// 参数校验
if ( StringUtils. isEmpty( createBasicDiplomaInputBO. getDepartmentValue( ) ) ||
    StringUtils. isEmpty( createBasicDiplomaInputBO. getEndDateValue( ) ) ||
    StringUtils. isEmpty( createBasicDiplomaInputBO. getNameValue( ) ) ||
    StringUtils. isEmpty( createBasicDiplomaInputBO. getMajorValue( ) ) ||
    StringUtils. isEmpty( createBasicDiplomaInputBO. getOwnerValue( ) ) ||
    StringUtils. isEmpty( createBasicDiplomaInputBO. getSidValue( ) ) ||
    StringUtils. isEmpty( createBasicDiplomaInputBO. getStartDateValue( ) ) ||
    StringUtils. isEmpty( createBasicDiplomaInputBO. getTimestampValue( ) ) ||
    StringUtils. isEmpty( createBasicDiplomaInputBO. getTypeValue( ) ) ||
    StringUtils. isEmpty( createBasicDiplomaInputBO. getIssuerHexPrivateKey( ) ) )
{
    throw new StudentCustomException( ExecptionEnum. INPUT_ERROR. getCode( ) , ExecptionEnum. INPUT_
ERROR. getMsg( ) ) ;
}


// 机构私钥
String issuerHexPrivateKey = createBasicDiplomaInputBO. getIssuerHexPrivateKey( ) ;
// 通过合约地址获取 DiplomaFactory 合约类
DiplomaFactory diplomaFactory = DiplomaFactory. load( DiplomaFactoryContractAddress, client,

client. getCryptoSuite( ). createKeyPair( issuerHexPrivateKey) ) ;

TransactionReceipt transactionReceipt = diplomaFactory. createBasicDiploma ( createBasicDiplomaInput-
BO. getOwnerValue( ) ,
createBasicDiplomaInputBO. getTimestampValue( ) ,

createBasicDiplomaInputBO. getTypeValue( ) ,
createBasicDiplomaInputBO. getNameValue( ) ,

createBasicDiplomaInputBO. getSidValue( ) ,
createBasicDiplomaInputBO. getStartDateValue( ) ,

createBasicDiplomaInputBO. getEndDateValue( ) ,
createBasicDiplomaInputBO. getDepartmentValue( ) ,

createBasicDiplomaInputBO. getMajorValue( ) ) ;

// 构造 TransactionDecoderService 实例,传入是否密钥类型参数。
TransactionDecoderInterface decoder = new TransactionDecoderService( client. getCryptoSuite( ) ) ;
// 基于 ABI 解析交易回执
TransactionResponse transactionResponse = decoder. decodeReceiptWithoutValues( DiplomaFactoryABI, transac-
tionReceipt) ;

// 通过事件获取 Diploma 合约的地址
```

```
Map<String, String> resultMap = new HashMap<>();
//
resultMap. put("CreateLog", transactionResponse. getEvents());
```

2）毕业证状态修改

在 DiplomaService 类的 createBasicDiploma 函数中，先进行参数校验，然后通过合约地址和机构私钥加载合约类，再调用合约 setRevoked 方法，最后基于 ABI 解析交易回执。关键伪代码如下。

```
// 参数校验
if (StringUtils. isEmpty(setRevokedInputBO. getContractAddress()) ||
    StringUtils. isEmpty(setRevokedInputBO. getIssuerHexPrivateKey()) ||
    StringUtils. isEmpty(setRevokedInputBO. getStatus()))
{
    throw new StudentCustomException(ExecptionEnum. INPUT_ERROR. getCode(), ExecptionEnum. INPUT_
ERROR. getMsg());
}
// 合约地址
String contractAddress = setRevokedInputBO. getContractAddress();
// 机构私钥
String issuerHexPrivateKey = setRevokedInputBO. getIssuerHexPrivateKey();
// 通过合约地址和机构私钥加载合约类
Diploma diploma = Diploma. load(contractAddress, client, client. getCryptoSuite(). createKeyPair(issuerHex-
PrivateKey));

// 调用合约 setRevoked 方法
TransactionReceipt transactionReceipt = diploma. setRevoked(setRevokedInputBO. getStatus());
// 构造 TransactionDecoderService 实例,传入是否密钥类型参数。
TransactionDecoderInterface decoder = new TransactionDecoderService(client. getCryptoSuite());
// 基于 ABI 解析交易回执
TransactionResponse transactionResponse = decoder. decodeReceiptWithoutValues(DiplomaABI, transactionRe-
ceipt);
```

3）获取全部毕业证

在 DiplomaService 类的 getAllInfo 函数中，先检查地址是否为空，对于非空地址，可根据合约地址加载合约类，再调用合约 getAllInfo 方法，最后将获取到的毕业证信息封装入 POJO 类 DiplomaInfo 中。关键伪代码如下。

```
if (StringUtils. isEmpty(contractAddress)) {
    throw new StudentCustomException(ExecptionEnum. INPUT_ERROR. getCode(), ExecptionEnum. INPUT_
ERROR. getMsg());
}

// 根据合约地址加载合约类
Diploma diploma = Diploma. load(contractAddress, client, client. getCryptoSuite(). createKeyPair());

try {
```

```
// 调用合约 getAllInfo 方法
Tuple11< String, String, BigInteger, BigInteger, String, String, String, String, BigInteger, BigInteger,
Boolean> allInfo = diploma. getAllInfo( );
    String owner = allInfo. getValue1( );
    String issuer = allInfo. getValue2( );
    BigInteger timestamp = allInfo. getValue3( );
    BigInteger type = allInfo. getValue4( );
    String name = allInfo. getValue5( );
    String sid = allInfo. getValue6( );
    String department = allInfo. getValue7( );
    String major = allInfo. getValue8( );
    BigInteger startDate = allInfo. getValue9( );
    BigInteger endDate = allInfo. getValue10( );
    Boolean revoked = allInfo. getValue11( );

// 封装
    DiplomaInfo diplomaInfo = new DiplomaInfo( );
    diplomaInfo. setOwner( owner) ;
    diplomaInfo. setIssuer( issuer) ;
    diplomaInfo. setTimestamp( timestamp. longValue( ) ) ;
    diplomaInfo. setType( type. intValue( ) ) ;
    diplomaInfo. setName( name) ;
    diplomaInfo. setSid( sid) ;
    diplomaInfo. setDepartment( department) ;
    diplomaInfo. setMajor( major) ;
    diplomaInfo. setStartDate( startDate. intValue( ) ) ;
    diplomaInfo. setEndDate( endDate. intValue( ) ) ;
    diplomaInfo. setRevoked( revoked) ;

    return diplomaInfo;
} catch ( ContractException e) {
    throw new StudentCustomException( ExecptionEnum. EVENT_ERROR. getCode( ) , ExecptionEnum. EVENT
_ERROR. getMsg( ) );
}
```

任务拓展

1. FISCO BCOS 国密版部署

金链盟基于国产密码学标准，在 FISCO BCOS 平台中集成了国密加解密、签名、验签、哈希算法、国密 SSL 通信协议，实现了对国家密码局认定的商用密码的完全支持。因此，在进行 FISCO BCOS 应用开发过程中，可以直接部署国密版 FISCO BCOS。

2. 基于区块链中间件平台 WeBASE 进行区块链应用开发

随着区块链技术的发展，越来越多的开发者基于稳定和高效的区块链底层平台，结合智能合约和链上接口，开发各种丰富的应用，随之而来的是对区块链系统的易用性、应用开发速度、业务组件丰富性产生了更多的需求。

为响应开源社区的需求，同时将自身长期探索的成果开放分享，FISCO BCOS 开源工作组成员单位之一的微众银行，为社区贡献一条从区块链底层通往应用落地的高速通道。

基于 WeBASE 的应用开发，流程大大简化。智能合约开发工具、完善的数据可视化平台、简易的交易上链方式，降低了开发门槛，使得开发效率大幅提升。对于应用上线后的交易审计、数据导出、立体监控等方面的管理，WeBASE 为其提供了一系列完善的组件，能有效避免开发者和企业重复破荒造路。

任务 3-3   应用软件测试

微课 9：
应用软件
测试

任务描述

本任务通过对毕业证查证系统项目的设计文档进行分析，基于已经完成的智能合约代码与应用开发代码，完成毕业证查证系统中以下测试用例设计。

① 合约字段的正确性测试用例设计。

② 合约接口调用正确性测试用例设计。

③ 应用模块功能性测试用例设计。

④ 合约逻辑中分支步骤正确性测试用例设计。

⑤ 系统压力测试用例设计。

通过该任务掌握区块链应用系统的黑盒测试、白盒测试及性能测试的测试用例设计方法。

问题引导

1. 为什么区块链应用系统在完成开发后还需要测试？

2. 如何判断毕业证查证系统中的智能合约能否正确调用？

3. 如何判断毕业证查证系统中的智能合约能否正常运行？

4. 如何判断毕业证查证系统中的应用功能能否正确运行？

5. 如何判断毕业证查证系统是否符合性能要求？

知识准备

1. 区块链应用软件测试

区块链应用软件往往涉及一个产业的上下游企业数据共享。因此，在实际使用中，不论是应用系统的功能出现问题，还是区块链系统的共识算法出现错误，都会对区块链应用造成巨大的影响。由此可见，区块链应用软件的测试是在产品交付前重要的一个环节。

在进行区块链应用软件测试前，需要先完成区块链的搭建、控制台的安装、智能合约的开发、智能合约的编译及部署，以及区块链应用的开发。

一般而言，区块链应用软件测试需要对系统业务和合约覆盖进行单元测试、开发集成测试、系统集成测试、用户验收测试、性能测试。

① 单元测试（**Unit Tests，UT**）：单元测试使开发人员能够确定区块链应用系统的代码在最小单位也能顺利运行。单元测试能够帮助开发人员在开发初期便发现应用系统中存在的大部分 BUG。

② 集成测试（**Integration Tests，IT**）：集成测试能够帮助开发人员和测试工程师确保区块链应用系统与其子系统，内外部环境之间能顺利通信。

③ 用户验收测试（**User Acceptance Tests，UAT**）：由区块链应用系统的用户对产品进行体验，以判断系统是否符合用户的业务设计思想。

④ 性能测试（**Performance Tests，PT**）：通过模拟多种正常、峰值及异常条件对系统的各项性能指标进行测试。

2. 黑盒测试用例设计

黑盒测试主要用于检查区块链应用系统中的每一个功能模块是否能够正常使用。因此，黑盒测试也被称为功能测试。一般而言，在进行黑盒测试的过程中，需要将区块链应用软件想象成无法打开的黑盒子，即仅使用应用软件的合约接口与模块接口进行测试。通过合约及模块接口的说明，检查合约及模块的功能是否可以按照设计需求说明，对接口输入返回正确的输出值，具体如图 3-3-1 所示。

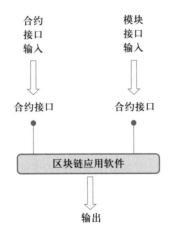

图 3-3-1　区块链应用软件黑盒测试示例

从理论上说，只有把黑盒测试用例设计的所有可能输入情况都测试一遍，才有办法查出所有的错误。然而在实际测试过程中，由于输入是无穷多的，这种穷举输入测试的方式并不可行。为了解决穷举输入的黑盒测试用例设计过多的问题，必须对黑盒测试的行为进行分类，从而提高测试的效率。常见的黑盒测试用例设计方法见表 3-3-1。

表 3-3-1   常见黑盒测试用例设计方法说明

方　　法	说　　明
等价类划分法	将全部输入数据合理划分为多个等价类，在每一个等价类中选取一个数据作为测试输入条件
边界值分析法	假设大多数的错误发生在输入条件的边界上，作为等价类划分法的一种补充
错误推测法	通过程序员的经验和直觉，推测程序中可能存在的问题
因果图法	考虑程序中输入条件之间的相互组合，并生成判定表
场景法	通过描绘事件触发时的情景，进行测试用例的设计

在以上方法中，等价类划分是最常用的黑盒测试用例设计方法。等价类划分可以分为有效等价类（合理的输入数据）和无效等价类（不合理的输入数据）。对于不同的输入条件，可以设置不同数量的有效等价类及对应的无效类，具体见表 3-3-2。

表 3-3-2   等价类划分输入条件与等价类划分原则说明

输入条件	等价类划分原则
规定了取值范围或值的个数	确定一个有效等价类和两个无效等价类
规定了输入值的集合	确定一个有效等价类和一个无效等价类
一个布尔值	确定一个有效等价类和一个无效等价类
一组值（假定 n 个）	确定 n 个有效等价类和一个无效等价类
必须遵守规则	确定一个有效等价类和若干无效等价类
等价类中各元素在程序处理中方式不同的情况下	进一步划分等价类

基于上述黑盒测试用例设计方法，可以结合区块链应用软件智能合约及应用模块的接口文档描述，针对智能合约的字段采用等价类划分的方式设计黑盒测试用例，以此判断智能合约字段的正确性，以及接口调用及输出是否符合预期。

3. 白盒测试用例设计

白盒测试也被称为结构测试，主要用于检查区块链应用系统的智能合约及业务编码过程中是否出现错误。不同于黑盒测试中将区块链应用系统想象成一个黑盒子，白盒测试能直接接触到被测试区块链应用系统的智能合约及业务功能源代码，具体如图 3-3-2 所示。

白盒测试可以通过源代码分析区块链引用软件的内部结构，逻辑分支流程的正确性。白盒测试主要能够发现代码开发人员由于开发经验、工作状态等影响所产生的代码错误。相较于黑盒测试，白盒测试拥有更高的代码覆盖率，但是覆盖所有代码路径的难度及测试成本都比较高。白盒测试用例可以通过多种逻辑覆盖的方法进行设计，具体见表 3-3-3。

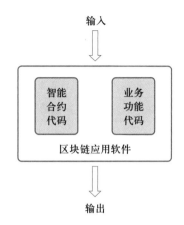

图 3-3-2　区块链应用软件白盒测试示例

表 3-3-3　常见白盒测试用例设计方法说明

方　法	说　明
语句覆盖	使程序中的语句至少被执行一次
判定覆盖	使程序中的每个判断语句的"真"和"假"都至少执行一次
条件覆盖	使判断语句中的每个条件至少有一次为"真"、一次为"假"，不保证判定覆盖
判定-条件覆盖	使判定结果及判定语句中的每个条件都至少有一次为"真"、一次为"假"
基本路径覆盖	分析程序的环路复杂性，导出基本可执行路径集合，进行测试利用设计

表 3-3-3 中展示了常见的白盒测试用例设计方法，语句覆盖无法判断程序运行中的逻辑关系错误；判定覆盖及条件覆盖均无法判断 OR 语句中出现的逻辑关系错误。一般白盒测试用例可以遵循判定-条件覆盖的方式进行设计，判定-条件覆盖也称为分支覆盖。

4. 性能测试用例设计

性能测试不同于白盒和黑盒测试所进行的业务功能测试，其主要通过模拟多种正常、峰值及异常条件来对系统的承载量、最高业务时长等区块链系统应用层及服务层的性能进行测试。一般而言，性能测试包括并发测试、负载测试及压力测试。通过性能测试，能够有效发现区块链应用系统的响应时间、硬件资源占用等性能问题。

对于区块链应用系统进行性能测试用例设计，需要考虑一些常见的性能指标，具体见表 3-3-4。

表 3-3-4　常见性能指标说明

性能指标	说　明
TPS（Transactions Per Second）	服务端每秒处理请求的数量，能够直观反映系统的处理能力
RPS（Requests Per Second）	服务端每秒请求数，反映系统的压力值

续表

性能指标	说　　明
平均响应时长	服务器处理请求的平均耗费时间
并发连接数量	服务端和客户端建立 TCP 连接的数量
并发用户数量	服务端同时服务的用户数量

区块链应用系统在进行性能测试用例的设计时，一般需要设计性能场景，在确定并发用户数量的基础上，测试系统的 TPS。

任务实施

1. 明确毕业证查证系统中智能合约与系统应用模块接口情况

在毕业证查证系统中，包含有 ID 合约、毕业证工厂合约、毕业证合约。由于工厂合约只负责批量生产标准毕业证，并不涉及字段及接口，因此，针对毕业证查证系统的测试用例设计主要围绕 ID 合约及毕业证合约展开。在开始测试用例设计前，需要先明确这两个合约中的接口情况，具体见表 3-3-5 和表 3-3-6。

表 3-3-5　毕业证查证系统智能合约字段及接口数量汇总

智能合约	接口数量	字段数量	字段数据类型
ID 合约	6	12	address、bool、string、uint
毕业证合约	4	11	address、bool、string、uint

表 3-3-6　毕业证查证系统智能合约接口情况

智能合约	接　　口	说　　明
ID 合约	constructor	创建接口
	getBaseInfo	获取基本信息接口
	setName	修改基本信息接口
	addTrainingRecord	添加学历记录接口
	modifyTrainingRecord	修改学历记录接口
	getAllTrainingRecord	获取全部学历记录接口
毕业证合约	constructor	创建接口
	setDiplomaData	设置毕业证详细信息接口
	setRevoked	设置撤销状态接口
	getAllInfo	获取全部详细信息接口

与此同时，项目的应用系统服务模块接口情况见表 3-3-7。

表 3-3-7 毕业证查证系统应用服务模块接口情况

应用服务模块	接　　口	说　　明
毕业证服务模块	createDiploma	创建毕业证接口
	loadDiploma	载入毕业证接口
	getAllDiplomaInfo	获取全部毕业证接口
	setRevoked	设置撤销状态接口
ID 服务模块	deployId	部署学生证接口
	loadId	载入学生证接口
	getAllTrainingRecord	获取全部学历接口
	setName	修改基本信息接口
	addTrainingRecord	添加学历记录接口
	modifyTrainingRecord	修改学历记录接口

2. 根据毕业证查证系统功能设计黑盒测试用例

（1）ID 合约黑盒测试用例设计

通过对 ID 合约的接口及字段描述情况的分析，结合表 3-3-2 中等价类划分输入条件与等价类划分原则说明，可以针对 ID 合约中的字段设计黑盒测试用例，具体见表 3-3-8。

表 3-3-8 ID 合约字段黑盒测试用例设计

字段	输入条件	说明	测试点
owner	必须遵守规则	address 格式类型，非空	• 存储格式为 address 类型 • 非 address 类型存储失败 • 非空性校验
name	规定了输入值的集合	string 格式类型，输入有长度限制，非空	• 数据内容校验，是否可以包含特殊字符 • 数据长度校验 • 重复/非空性校验
sid	规定了输入值的集合	输入有长度限制，string 格式类型	• 长度校验 • 格式校验 • 真实性校验
birthdate	必须遵守规则，规定了取值范围或值的个数	用 uint 表示日期，符合日期范围，非空	• 日期有效性校验 • 数值范围校验 • 非空性校验
gender	一个布尔值，必须遵守规则	bool 格式类型，非空	• 有效性校验（0/1 等非 bool 值） • 非空性校验

字段	输入条件	说明	测试点
tr	—	结构体	—
tr. issuer	必须遵守规则	address 格式类型，非空	• 数据内容校验，是否可以包含特殊字符 • 数据长度校验 • 重复/非空性校验
tr. type	必须遵守规则，规定了取值范围或值的个数	用 uint 表示学历类型，符合日期范围，非空	• uint 有效性校验 • 数值范围校验 • 非空性校验
tr. startDate	必须遵守规则，规定了取值范围或值的个数	用 uint 表示日期，符合日期范围，非空，小于结束时间	• 日期有效性校验 • 数值范围校验 • 非空性校验 • 是否小于 endDate
tr. endDate	必须遵守规则，规定了取值范围或值的个数	用 uint 表示日期，符合日期范围，非空，大于开始时间	• 日期有效性校验 • 数值范围校验 • 非空性校验 • 是否大于 startDate
tr. diplomaAddress	必须遵守规则	address 格式类型，非空	• 存储格式为 address 类型 • 非 address 类型存储失败 • 非空性校验 • 有效性校验，对应地址存在且地址对应数据正确
tr. timestamp	必须遵守规则，规定了取值范围或值的个数	用 uint 表示时间，符合日期范围，非空	• uint 有效性校验 • 数值范围校验 • 非空性校验

对于 ID 合约的接口调用，黑盒测试用例判断接口是否能被调用成功，入参数值是否校验正确，且正确返回数据。ID 合约接口调用的黑盒测试用例，见表 3-3-9。

表 3-3-9　ID 合约接口黑盒测试用例设计

接口	测试用例
constructor	• 入参数值校验正确（非法数值输入，调用失败） • 返回学生证地址正确，可以进行查验 • 调用失败，提示信息明确 • 接口权限验证正确
getBaseInfo	• 调用成功，返回信息正确 • 调用失败，提示信息明确

续表

接　　口	测试用例
setName	• 入参数值校验正确（非法数值输入，调用失败） • 调用成功，返回信息正确 • 调用失败，提示信息明确 • 接口权限验证正确
addTrainingRecord	• 入参数值校验正确（非法数值输入，调用失败） • 接口权限验证正确 • 对应记录存在或不存在时，接口返回对应成功或失败信息
modifyTrainingRecord	• 入参数值校验正确（非法数值输入，调用失败） • 接口权限验证正确 • 对应记录存在或不存在时，接口返回对应成功或失败信息
getAllTrainingRecord	• 调用成功，返回信息正确 • 调用失败，提示信息明确 • 接口权限验证正确

（2）毕业证合约黑盒测试用例设计

与 ID 合约的字段黑盒测试用例设计相同，结合等价类划分输入条件与等价类划分原则说明，可以设计黑盒测试用例，具体见表 3-3-10。

表 3-3-10　毕业证合约字段黑盒测试用例设计

字段	输入条件	说明	测试点
owner	必须遵守规则	address 格式类型	• 存储格式为 address 类型 • 非 address 类型存储失败 • 非空性校验 • 有效性校验，对应地址存在且地址对应数据正确
issuer	必须遵守规则	address 格式类型	• 存储格式为 address 类型 • 非 address 类型存储失败 • 非空性校验 • 有效性校验，对应地址存在且地址对应数据正确
timestamp	必须遵守规则，规定了取值范围或值的个数	用 uint 表示时间，符合日期范围，非空	• uint 有效性校验 • 数值范围校验 • 非空性校验
trtype	必须遵守规则，规定了取值范围或值的个数	用 uint 表示学历类型，符合日期范围，非空	• uint 有效性校验 • 数值范围校验 • 非空性校验
name	必须遵守规则	在 ID 合约数据中存在	有效性校验，对应 name 需要在 ID 合约数据中存在

续表

字段	输入条件	说明	测试点
sid	必须遵守规则	在 ID 合约数据中存在	有效性校验，对应 sid 需要在 ID 合约数据中存在
department	必须遵守规则，规定了取值范围或值的个数	string 格式类型，输入长度限制，非空	• 数据内容校验，是否可以包含特殊字符 • 数据长度校验 • 重复/非空性校验
major	必须遵守规则，规定了取值范围或值的个数	string 格式类型，输入长度限制，非空	• 数据内容校验，是否可以包含特殊字符 • 数据长度校验 • 重复/非空性校验
startDate	必须遵守规则、规定了取值范围或值的个数	用 uint 表示日期，符合日期范围，非空，小于结束时间	• 日期有效性校验 • 数值范围校验 • 非空性校验 • 是否小于 endDate
endDate	必须遵守规则，规定了取值范围或值的个数	用 uint 表示日期，符合日期范围，非空，大于开始时间	• 日期有效性校验 • 数值范围校验 • 非空性校验 • 是否大于 startDate
revoked	一个布尔值，必须遵守规则	bool 格式类型，非空	• 有效性校验（0/1 等非 bool 值） • 非空性校验

对于毕业证合约的接口黑盒测试用例设计，判断接口是否能调用成功，入参数值是否校验正确，且正确返回数据。毕业证合约接口调用的黑盒测试用例，见表 3-3-11。

表 3-3-11 毕业证合约接口黑盒测试用例设计

接　　口	测试用例
constructor	• 入参数值校验正确（非法数值输入，调用失败） • 接口权限验证正确（只有记录的创建机构有权限创建） • 调用成功，返回地址对应的数据数值正确
setDiplomaData	• 入参数值校验正确（非法数值输入，调用失败） • 接口权限验证正确（只有记录的创建机构有权限设置） • 调用成功，对应数值修改正确
setRevoked	• 入参数值校验正确（非法数值输入，调用失败） • 接口权限验证正确（只有记录的创建机构有权限修改） • 调用成功，对应数值修改正确
getAllInfo	• 接口权限验证正确（只有记录的创建机构有权限修改） • 调用成功，返回信息正确

（3）应用模块接口黑盒测试用例设计

对于毕业证查证系统应用模块的黑盒测试用例设计，需要确定接口功能是否正确，输入输出数值符合规范要求，入参数值是否校验正确，且正确返回数据，具体见表3-3-12。

表 3-3-12 毕业证查证系统应用模块黑盒测试用例设计

应用服务模块	接　　口	测试用例
毕业证服务模块	createBasicDiploma	• 入参数值校验正确（非法数值输入，调用失败） • 接口权限验证正确（只有记录的创建机构有权限创建） • 调用成功，返回信息正确
	setDiplomaData	• 入参数值校验正确（非法数值输入，调用失败） • 调用成功，返回信息正确
	getAllInfo	• 接口权限验证正确（只有记录的创建机构有权限修改） • 调用成功，返回信息正确
	setRevoked	• 入参数值校验正确（非法数值输入，调用失败） • 接口权限验证正确（只有记录的创建机构有权限修改） • 调用成功，对应数值修改正确
ID 服务模块	CreateStudentId	• 入参数值校验正确（非法数值输入，调用失败） • 接口权限验证正确 • 调用成功，返回信息正确
	getBaseInfo	• 调用成功，返回信息正确 • 调用失败，提示信息明确
	getAllTrainingRecord	• 调用成功，返回信息正确 • 调用失败，提示信息明确 • 接口权限验证正确
	setName	• 入参数值校验正确（非法数值输入，调用失败） • 调用成功，返回信息正确 • 调用失败，提示信息明确 • 接口权限验证正确
	addTrainingRecord	• 入参数值校验正确（非法数值输入，调用失败） • 接口权限验证正确 • 对应记录存在或不存在时，接口返回对应成功或失败信息
	modifyTrainingRecord	• 入参数值校验正确（非法数值输入，调用失败） • 接口权限验证正确 • 对应记录存在或不存在时，接口返回对应成功或失败信息

3. 根据毕业证查证系统功能设计白盒测试用例

不同于黑盒测试，白盒测试允许测试工程师接触毕业证查证系统的智能合约及业务服务模块代码。通过判定-条件覆盖（分支覆盖），可以将智能合约及服务模块各个接口中的分支流程罗列，并使分支流程中的每个条件都至少有一次为"真"、一次为"假"，即可完成白盒测试用例设计。系统的智能合约及服务模块的接口分支流程，见表 3-3-13、表 3-3-14 和表 3-3-15。

表 3-3-13   系统智能合约接口白盒测试用例设计

智能合约	接　　口	分支流程
ID 合约	setName	msg. sender！= owner
	addTrainingRecord	msg. sender＝＝tr. issuer && trtype＝＝tr. trtype
		for（uint index＝0；index < dataLength；index++）
	modifyTrainingRecord	for（uint index＝0；index < dataLength；index++）
		if（msg. sender＝＝tr. issuer && trtype＝＝tr. trtype）
	getAllTrainingRecord	for（uint index＝0；index < dataLength；index++）
毕业证合约	setDiplomaData	if（tx. origin！= issuer）
	setRevoked	if（msg. sender！= issuer）

表 3-3-14   ID 服务模块接口白盒测试用例设计

createStudentId 接口分支流程
if（StringUnits. isEmpty（idInfo. getName（））‖ StringUnits. isEmpty（idInfo. getBirthDate（））‖ StringUnits. isEmpty（idInfo. getGender（）））
getBaseInfo 接口分支流程
if（StringUnits. isEmpty（contractAddress））
getAllTrainingRecord 接口分支流程
for（int i＝0；i < issuer. size（）；i ++）
setName 接口分支流程
if（StringUtils. isEmpty（idSetNameInputBO. getNameValue（））‖ StringUtils. isEmpty（idSetNameInputBO. getStudentHexPrivateKey（））‖ StringUtils. isEmpty（idSetNameInputBO. getContractAddress（）））

续表

if（transactionResponse. getReceiptMessages（）. equalsIgnoreCase（"Success"））
addTrainingRecord 接口分支流程
if（StringUtils. isEmpty（idAddTrainingRecordInputBO. getContractAddress（）） || StringUtils. isEmpty（idAddTrainingRecordInputBO. getDiplomaAddress（）） || StringUtils. isEmpty（idAddTrainingRecordInputBO. getIssuerHexPrivateKey（）） || StringUtils. isEmpty（idAddTrainingRecordInputBO. getStartDate（）） || StringUtils. isEmpty（idAddTrainingRecordInputBO. getEndDate（）） || StringUtils. isEmpty（idAddTrainingRecordInputBO. getTimestamp（）） || StringUtils. isEmpty（idAddTrainingRecordInputBO. getTrtype（）））
if（transactionResponse. getReceiptMessages（）. equalsIgnoreCase（"Success"））
modifyTrainingRecord 接口分支流程
if（StringUtils. isEmpty（idModifyTrainingRecordInputBO. getContractAddress（）） || StringUtils. isEmpty（idModifyTrainingRecordInputBO. getDiplomaAddress（）） || StringUtils. isEmpty（idModifyTrainingRecordInputBO. getIssuerHexPrivateKey（）） || StringUtils. isEmpty（idModifyTrainingRecordInputBO. getStartDate（）） || StringUtils. isEmpty（idModifyTrainingRecordInputBO. getEndDate（）） || StringUtils. isEmpty（idModifyTrainingRecordInputBO. getTimestamp（）） || StringUtils. isEmpty（idModifyTrainingRecordInputBO. getTrtype（）））
if（transactionResponse. getReceiptMessages（）. equalsIgnoreCase（"Success"））
getAllTrainingRecord 接口分支流程
if（StringUtils. isEmpty（contractAddress））
for（inti = 0；i < issuers. size（）；i++）

表 3-3-15 毕业证服务模块接口白盒测试用例设计

createBasicDiploma 接口分支流程
if（StringUtils. isEmpty（createBasicDiplomaInputBO. getDepartmentValue（）） || StringUtils. isEmpty（createBasicDiplomaInputBO. getEndDateValue（）） || StringUtils. isEmpty（createBasicDiplomaInputBO. getNameValue（）） || StringUtils. isEmpty（createBasicDiplomaInputBO. getMajorValue（））|| StringUtils. isEmpty（createBasicDiplomaInputBO. getOwnerValue（）） || StringUtils. isEmpty（createBasicDiplomaInputBO. getSidValue（）） || StringUtils. isEmpty（createBasicDiplomaInputBO. getStartDateValue（）） || StringUtils. isEmpty（createBasicDiplomaInputBO. getTimestampValue（）） || StringUtils. isEmpty（createBasicDiplomaInputBO. getTypeValue（）） || StringUtils. isEmpty（createBasicDiplomaInputBO. getIssuerHexPrivateKey（）））

续表

setDiplomaData 接口分支流程
if (StringUtils. isEmpty(dataInputBO. getDepartmentValue( )) ‖ StringUtils. isEmpty(dataInputBO. getMajorValue( )) ‖ StringUtils. isEmpty(dataInputBO. getContractAddress( )) ‖ StringUtils. isEmpty(dataInputBO. getIssuerHexPrivateKey( )))
if (transactionResponse. getReceiptMessages( ). equalsIgnoreCase(" Success"))
setRevoked 接口分支流程
if (StringUtils. isEmpty(setRevokedInputBO. getContractAddress( )) ‖ StringUtils. isEmpty(setRevokedInputBO. getIssuerHexPrivateKey( )) ‖ StringUtils. isEmpty(setRevokedInputBO. getStatus( )))
if (transactionResponse. getReceiptMessages( ). equalsIgnoreCase(" Success"))
getAllInfo 接口分支流程
if (StringUtils. isEmpty(contractAddress))

4. 设计压力测试方案

针对毕业证查证系统的压力测试用例设计，主要考虑各合约接口、应用程序接口的 TPS。进行压力测试开始前需要确定压力测试所需要覆盖的智能合约及应用服务模块的接口，详见表 3-3-5 和表 3-3-6。对于毕业证查证系统，压力测试主要从各接口最高业务承载量下的稳定时长、大业务数据下各接口 TPS 的衰减度、CPU、内存、磁盘的性能瓶颈进行考虑。

针对毕业证查证系统各压力测试项目可以设计测试方案，具体见表 3-3-16。

表 3-3-16　毕业证查证系统压力测试方案

测试项目	测试方案
最高业务承载	Jmeter 压力测试下，使 TPS 从 1000 开始，逐步增长，查看 TPS 最大值
最高业务承载量下的稳定时长	使用 Jmeter 最大 TPS 压力测试，持续时间为 1 周~2 周，查看系统稳定性
大业务数据下各接口 TPS 的衰减度	链上已存在交易量为 10W/100W/1000W，分别使用 Jmeter 压力测试，查看最大 TPS 是否有衰减
CPU、内存、磁盘的性能瓶颈	Jmeter 压力测试时，使用 nmon 工具收集对应机器性能数据

任务拓展

1. 主流测试工具

需要熟悉并掌握主流测试工具的运用，如构建测试过程中需要的测试场景、测试后期的部署维护等。可选的测试辅助工具，见表 3-3-17。

表 3-3-17　主流测试辅助工具说明

测试工具	功　　能
WeBASE	合约编写、部署、测试
Jmeter	性能测试
ChaosBlade	混沌测试
Selenium	UI 自动化测试
Ansible	自动化部署、运维
Robotframework	自动化测试
nmon	机器性能数据收集

2. 开发问题排查

除了通过测试用例和性能测试检查区块链的应用系统稳健性（鲁棒性）之外，在区块链应用系统部署、开发过程中也可能遇到各种问题，需要及时进行排查。表 3-3-18 对于常见的开发问题提供了排查思路。

表 3-3-18　常见开发问题排查思路

开发问题	排查思路
Java 版本不正确	检查 SDK 版本，Java SDK 要求 JDK 版本大于或等于 1.8
SDK 连接节点失败	• 检查是否复制证书 • 检查节点是否启动或者 SDK 与节点之间网络是否连通 • 检查证书是否复制正确 • 非国密版本检查 JDK 是否支持 secp256K1 曲线 • 国密版本检查 netty 库是否冲突
证书问题	• 检查证书位置是否放置错误 • 检查证书是否过期 • 检查证书配置是否错误
合约编译出错	• sol 转换 Java 编译报错：Unsupported type encountered：tuple 是由于目前 Java SDK 还不支持 struct 类型的 sol 到 Java 的转换 • 编译合约时报错：Stack too deep, try removing local variables 是合约接口定义的局部变量过多，solidity 接口最多支持 16 个局部变量
交易执行失败	交易回执状态值为 0xc，可能是由于合约逻辑比较复杂导致，当交易回滚，交易回执状态值为 0x16 时，需要检查合约逻辑，修复漏洞

课后练习

一、单选题

1. 下列关于应用系统调用智能合约的说法中，正确的是（　　　）。

A. 智能合约的本质是由 ABI 提供接口

B. ABI 直接通过合约部署能够构建一个区块链交易

C. 通过合约的 BIN 能够执行合约

D. 智能合约是基于 JavaScript 语言开发的

2. 以下说法中正确的是（　　　）。

A. 语句覆盖法是黑盒测试的一种常用方法

B. 区块链应用软件只需要进行黑盒测试和性能测试

C. 黑盒测试主要能够发现代码开发人员由于受开发经验、工作状态等因素影响所产生的代码错误

D. 场景法是常用的黑盒测试方法

3. 以下（　　　）是区块链应用系统进行性能测试常见的性能指标。

A. TPS　　　　　　　　　　　B. 联盟链公司数量

C. 节点配置安装时长　　　　　　D. 节点数量

4. 国密版 FISCO BCOS 对称加密算法使用的是（　　　）。

A. SM1　　　　　　　　　　　B. SM2

C. SM3　　　　　　　　　　　D. SM4

5. 以下（　　　）不属于智能合约常见变量类型。

A. 布尔类型　　　　　　　　　B. 数组

C. 地址类型　　　　　　　　　D. 对象

二、判断题

1. FISCO BCOS 中使用 POS 作为其中的一种共识算法。　　　　　　　　（　　　）

2. Solidity 中地址类型 address 占用 16 字节。　　　　　　　　　　　（　　　）

3. FISCO BCOS 日志记录中的主要字段不包含 time。　　　　　　　　　（　　　）

参考文献

［1］辜卢密 . 区块链技术与应用［M］. 北京：高等教育出版社，2022.

［2］金海 . 区块链技术原理［M］. 北京：高等教育出版社，2022.

读者意见反馈

为收集对教材的意见建议,进一步完善教材编写并做好服务工作,读者可将对本教材的意见建议通过如下渠道反馈至我社。

咨询电话　　400-810-0598

反馈邮箱　　gjdzfwb@pub.hep.cn

通信地址　　北京市朝阳区惠新东街4号富盛大厦1座

　　　　　　高等教育出版社总编辑办公室

邮政编码　　100029